高等学校计算机教育"十二五"规划教材

C++程序设计教程

董小园　主　编

任建强　王希更　殷秀莉　刘　强　副主编

赵姝菊　冯淑杰　王肖林　崔　文　参　编

中国铁道出版社

CHINA RAILWAY PUBLISHING HOUSE

内 容 简 介

本书从 C++语言的基础开始讲解，围绕其面向对象的主旨和内涵由浅入深层层展开，将 C++语法知识及应用程序的开发贯穿其中，使学生打下 C++面向对象程序设计的根基。全书共 13 章，各章配以丰富完整的实例程序，教学生编写面向对象程序及可重复使用的类。书中的程序除了配有详细的代码说明外，更注意建立程序设计的观念，让学习者通过轻松的学习流程，学会 C++的语法，借助完整的程序解析，学会范例的应用程序的设计，进一步了解 C++面向对象程序设计的方法、经验，完全掌握 C++程序设计。

本书行文流畅，实例丰富，描述细致严谨，既适合作为高等院校相关专业的 C++程序设计课程的教材，也适合作为初学 C++语言或希望掌握面向对象编程思想的读者自学使用。

图书在版编目（CIP）数据

C++程序设计教程 / 董小园主编.— 北京：中国铁道出版社，2012.8

高等学校计算机教育"十二五"规划教材

ISBN 978-7-113-15046-4

Ⅰ. ①C… Ⅱ. ①董… Ⅲ. ①C 语言－程序设计－高等学校－教材 Ⅳ. ①TP312

中国版本图书馆 CIP 数据核字（2012）第 154928 号

书　　名：	C++程序设计教程
作　　者：	董小园　主编

策　　划：	秦绪好	读者热线：	400-668-0820
责任编辑：	赵　鑫		
编辑助理：	赵　迎		
封面设计：	刘　颖		
责任印制：	李　佳		

出版发行：中国铁道出版社（100054，北京市西城区右安门西街 8 号）

网　　址：http://www.51eds.com

印　　刷：北京海淀五色花印刷厂

版　　次：2012 年 8 月第 1 版　　2012 年 8 月第 1 次印刷

开　　本：787 mm×1 092 mm　1/16　印张：14.75　字数：346 千

印　　数：1～3 000 册

书　　号：ISBN 978-7-113-15046-4

定　　价：29.00 元

序言

随着计算机科学与技术的飞速发展，现代计算机系统的功能越来越强大、应用也越来越广泛，尤其是快速发展的计算机网络。它不仅是连接计算机的桥梁，而且已成为扩展计算能力、提供公共计算服务的平台，计算机科学对人类社会的发展做出了卓越的贡献。

计算机科学与技术的广泛应用是推动计算机学科发展的原动力。计算机科学是一门应用科学。因此，计算机学科的优秀创新人才不仅应具有坚实的理论基础，还应具有将理论与实践相结合来解决实际问题的能力。培养计算机学科的创新人才是社会的需要，是国民经济发展的需要。

计算机学科的发展呈现出学科内涵宽泛化、分支相对独立化、社会需求多样化、专业规模巨大化和计算教育大众化等特点。一方面，使得计算机企业成为朝阳企业，软件公司、网络公司等 IT 企业的数量和规模越来越大，另一方面，对计算机人才的需求规格也发生了巨大变化。在大学中，单一计算机精英型教育培养的人才已不能满足实际需要，社会需要大量的具有职业特征的计算机应用型人才。

计算机应用型教育的培养目标可以利用知识、能力和素质三个基本要素来描述。知识是基础、载体和表现形式，从根本上影响着能力和素质。学习知识的目的是为了获得能力和不断地提升能力。能力和素质的培养必须通过知识传授来实现，能力和素质也必须通过知识来表现。能力是核心，是人才特征的最突出的表现。计算机学科人才应具备计算思维能力、算法设计与分析能力、程序设计能力和系统能力（系统的认知、设计、开发和应用）。计算机应用型教育对人才培养的能力要求主要包括应用能力和通用能力。应用能力主要是指用所学知识解决专业实际问题的能力；通用能力表现为跨职业能力，并不是具体的专业能力和职业技能，而是对不同职业的适应能力。计算机应用型教育培养的人才所应具备的三种通用能力是学习能力、工作能力、创新能力。基本素质是指具有良好的公民道德和职业道德，具有合格的政治思想素养，遵守计算机法规和法律，具有人文、科学素养和良好的职业素质等。计算机应用型人才素质主要是指工作的基本素质，且要求在从业中必须具备责任意识，能够对自己职责范围内的工作认真负责地完成。

计算机应用型教育课程类型分为通用课程、专业基础课程、专业核心课程、专业选修课程、应用课程、实验课程、实践课程。课程是载体，是实现培养目标的重要手段。教育理念的实现必须借助于课程来完成。本系列规划教材的特点是重点突出、理论够用、注重应用，内容先进、实用。

　　本系列教材的不足之处，敬请各位专家、老师和广大同学指正。

陈明

2012 年 3 月

　　本书的编写主旨是为 C++语言的初学者提供一套有效的学习资料。书中充分考虑到读者在学习中可能出现的各种问题和感受，提供大量典型实例及经验总结，带领读者通过不断的程序编写掌握 C++语言的核心思想及应用。希望本书能够在学习、工作上给予读者最大程度的帮助！

　　全书共 13 章，主要内容如下：

- 第 1 章 C++语言概述，带领读者近距离认识 C++，对 C++的含义、特点、工作方式等进行介绍。
- 第 2 章 变量与数据类型。
- 第 3 章 运算符。
- 第 4 章 选择与循环，对 C++程序的结构、基本语法、结构化语句进行详尽的描述。
- 第 5 章 函数，介绍 C++中非常重要的函数相关知识，以及如何灵活应用函数。
- 第 6 章 数组，介绍数组的定义和使用。
- 第 7 章 结构体与枚举，介绍两种新的自定义类型，并带领读者进行练习掌握其使用。
- 第 8 章 指针，介绍地址的概念，这是 C++很有特点的、十分重要的知识点之一。将面向对象思想的学习带入更高层次：继承和多态。
- 第 9 章 重载，介绍 C++中函数的灵活应用，并体现了面向对象的多态特性。
- 第 10 章 类与对象、第 11 章类的继承，集中讲授 C++面向对象的内容，并对封装、继承、多态这三大特性进行说明和举例。
- 第 12 章 成员函数的其他特性，补充了友元函数、虚函数等知识，使 C++程序的编写更加丰富而精彩。
- 第 13 章 文件与流，介绍输入/输出、文件读写的相关知识。

　　本书主要特点如下：

1. 注重实践、例题丰富

　　本书配有大量程序例题，并对实例做了详细的说明。

　　每章各知识点均有丰富的典型例程。全书的所有实例都尽量做到内容易懂、特点突出。编写、运行并理解书中所有的实例将引导读者完成全书的学习。

2. 资料完善、辅助学习

　　本书每章都配有上机实验，书中还详细介绍了开发环境 Visual Studio 2005 的安装和使用说明，带领读者使用主流开发工具，在实操中掌握编程理论。同时还提供全书配套的 PPT 讲义。

3. 描述精准、生动易懂

　　编者在写书时尽量考虑到读者在阅读及学习过程中可能出现的各种问题和感受，以通俗易懂的语言对内容进行叙述，并使用比喻、举例、图、表等多种方式对较抽象的知识点进行描述。书中还总结了大量操作步骤、注意事项、内容要点，帮助读者以最直观高效的方式掌握各章节内容精髓。

本书既适合作为高等院校相关专业的 C++程序设计课程的教材，也适合作为初学C++语言或希望掌握面向对象编程思想的读者自学使用。

由于编者水平有限，加之时间仓促，书中如有不妥之处，请读者不吝指正。

编　者

2012 年 4 月

目　录
CONTENTS

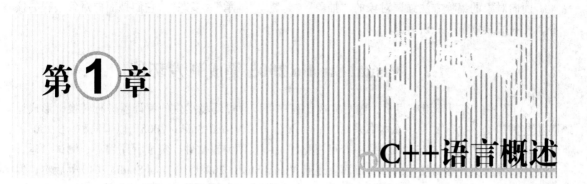

第1章

C++语言概述

本章将介绍 C++的一般特性。C++不仅具备高级语言易学、易用的特点，还具备低级语言高效率的特性，同时，C++的面向对象特点，让原本烦琐的程序趋于简单化。

本章还介绍 C++的编辑环境和一些必备的知识，从了解 C++的开发环境、熟悉 C++程序的开发流程到第一个 C++程序的编写，来一探 C++的奥秘。

学习目标

- 理解什么是面向对象
- 了解面向对象的优点
- 熟悉 Visual Studio 2005 的程序编辑环境
- 掌握 C++程序的基本结构
- 熟练使用 Visual Studio 2005 编写并运行第一个 C++程序

1.1　C++与面向对象

C++语言源于 C 语言，几乎任何 C 语言中正确的语句都可以在 C++中使用，但它们又有本质上的不同：C++是一种成熟的面向对象程序设计语言。

面向对象程序设计简称 OOP（Object Oriented Programming），其主旨是"基于对象的编程"。对象是对现实世界实体的模拟，因此可以更容易地去分析需求，人们可以把万事万物都看做各种不同的对象。面向对象程序设计将事物的共同性质抽象出来，使用数据和方法描述对象的状态和行为。

这就像现实生活中开公司，如果采用传统的结构化分析与设计方法，那么开公司的这个人就要考虑每天先做什么、再做什么，所有事务都得亲自过问，还要跨行业去处理事务，如财务、人事、行政等，结果必定是很累而且效率很低。如果采用面向对象的思想，就先分析好公司正常运营都需要哪些部门、涉及哪些资源，每岗位的要求和职能是什么，然后按照需求聘用人员、准备资源，每个人按各自职能办事，相互合作。这样，不但效率高，还能及时进行局部调整，公司一定经营得井井有条。这里的各部门人员和资源就是对象，把对象都定义好了，需要时让对象们各自发挥作用就可以了。

以上分析不难看出，面向对象程序设计使人们的编程与实际的世界更加接近，所有的对象被赋予属性和方法，编程就更加富有人性化。

面向对象程序设计达到了软件工程的 3 个主要目标：重用性、灵活性和扩展性。

面向对象的编程方法强调对象的"抽象""封装""继承""多态"，它们是面向对象编程的核心，将在后续章节——讲解。

1.2　Visual Studio 2005 集成开发环境

C++程序的编辑环境有很多，编写完成的程序可以通过环境提供的编译器进行转换，形成计算机能够识别、执行的程序。本书采用 Microsoft 公司的 Visual Studio 2005（以下简称 VS 2005）进行 C++程序的编写，VS 2005 是一套可视化的 C++程序编辑软件，集成程序编写、测试、运行所需的多种工具，容易使用。目前市面上还有 Visual Studio 2008 和 Visual Studio 2010 等版本，但从占用空间、运行速度和稳定性等方面考虑，2005 版本依然是开发者使用最多的版本。

VS 2005 集成开发环境操作方便，功能实用，程序启动速度快，提供人性化的功能。VS 2005 利用简明易懂的可视化分割方式，将环境分成数个局部，包含一个简单的文档窗口、一个隐含许多编辑功能的菜单栏、一个功能齐全的工具栏等，让程序设计人员可以轻易地在这个环境下编写程序，以及对程序进行链接、编辑及编译的工作。

VS 2005 的主窗口界面如图 1-1 所示。

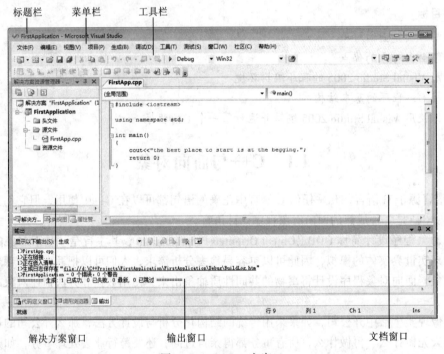

图 1-1　VS 2005 主窗口

标题栏位于窗口顶端，显示工程名称。在标题栏最左端的是窗口控制菜单框，标题栏最右端的是最大化按钮、最小化按钮和关闭按钮。

菜单栏中的主菜单及其子菜单提供了 VS 2005 集成开发环境的所有功能。菜单栏除了包括常用的文件、编辑、视图和帮助等菜单外，还有 VS 2005 解决方案相关的项目、生成及调试等菜单。

工具栏提供了与菜单栏中常用的菜单命令相对应的命令按钮，从而达到快捷操作的目的。

解决方案窗口主要用于显示解决方案、解决方案的项目及这些项目中的项。可以在其中对项目文件进行添加、打开、复制、删除等一系列操作。只需要右击相应的选项，在弹出的快捷菜单中进行选择即可。

文档窗口是 VS 2005 中最重要的功能窗口之一，用于程序代码编辑。VS 2005 提供了符合国标标准、具有严格验证的提示功能代码编辑环境，当程序员在文档窗口中编写代码时，编辑器会自动识别程序语法而显示不同的文字颜色，让程序人员可以清楚地识别程序指令，使编辑工作变得更轻松。

输出窗口显示程序调试或运行过程中的状态和结果。

使用 VS 2005 进行 C++程序开发的具体步骤将在 1.4 节详细介绍。

1.3　基本的程序结构

编译器能够根据程序结构正确地识别程序源代码，并编译成可以由计算机执行的文件，因此编写程序时，必须遵守程序语言的结构与规则，才能让设计的程序正常地被编译、执行。这里先来认识一个 C++程序基本结构中的各主要部分。

1.3.1　函数

函数是 C++程序中最基本的程序架构，可以说 C++程序是由许许多多的"函数"组成的，即使是最简单的程序也会包含一个函数——main 函数。每个函数代表着一段抽象出来的语句，能够实现某些功能，其意义在于功能的独立和反复使用。函数必须有自己的名称，让编译器可以加以识别，并在需要的时候反复调用。

关于函数的具体内容将在相应章节具体描述，这里先简要介绍一下 main 函数。

每个 C++的主要程序代码都必须放在 main 函数里，如果程序中没有这个函数，即使有再多的代码，程序还是无法执行，main 函数就像 C++程序的心脏一样，决定着程序能否执行。

main 函数不能更改名称，编译器在编译程序时，会先从 main 函数开始编译，如果没有这个函数，就无法完成编译的工作。main 函数的结构如下：

```
void main()
{      //函数的起始位置
       //程序语句；
       …
}      //函数的结束位置
```

函数的语句区必须包括在左大括号"{"和右大括号"}"中，左大括号表示函数的起始位置，右大括号表示函数的结束位置。函数有多种写法，包括有"返回类型"的函数，有"参数"的函数等，用来传递调用函数时所需的信息。

"返回类型"表示函数返回值的数据类型，写在函数名称的前面，例如：

```
int main()
```

上述写法表示调用 main 函数后，main 函数必须返回一个整型类型（int）的数值。又如：

```
void main()
```

返回类型为 void，表示该函数不返回任何值。

对于有返回类型的函数，在函数结束前必须加入 return 语句，用来返回该数据类型的值，return 0 表示结束执行的程序并返回操作系统，格式如下：

```
int main()
{
    …
```

```
        return 0;
    }
```
如果返回类型为 void，则不需要返回任何值，即可以省略 return 的语句，语句如下：
```
void main()
{
    ...                 //省略 return 的语句
}
```
除了返回类型外，调用函数时还可传入参数，"参数"表示传递给函数的值，可以传递的值包括变量、指针、数组等。若参数为 void 或空白，则表示调用该函数时不需要传递任何数值，如：
```
void main();
```
或
```
void main(void);
```
关于返回类型、函数参数的详细内容也会在后面的章节具体阐述，这里只做简单介绍。

1.3.2　输出与输入

C++的程序从函数开始，人们在函数的语句区即可输入程序的内容。不论是哪一种类型的程序，都希望通过沟通的方式与用户之间产生交互，而用户与程序最直接的沟通方法就是利用简单的输入输出指令传达彼此间需要的数据。

C++的输入函数是 cin，cin 就是读取用户由键盘输入的数据，函数的语法如下：
```
cin>>变量1>>变量2>>变量3>>...>>变量n;
```
cin 函数将会读取键盘的数据，直到用户按【Enter】键为止，如果输入的数据包含两个以上的数值，则以空格键作为间隔符号，cin 函数中的 ">>" 将会依次地将数据传入对应的变量中。例如：
```
cin>>name;
cin>>age>>sex;
```
在语句区写入以上两行程序语句，则用户在输入数据时，第一个输入的数据将会传给 name 变量，按【Enter】键后再输入的数据会传给 age 变量，按空格键后再输入的数据会传给 sex 变量。

C++的输出函数是 cout，cout 函数的作用是将结果显示在屏幕上，函数的语法如下：
```
cout<<变量1<<变量2<<变量3<<...<<变量n;
```
cout 函数会按 "<<" 的顺序，将各变量的值显示在屏幕上。例如：
```
cout<<name<<age;   //依次显示 name 和 age 的值
```
利用 cout 函数输出数据，除了可以输出变量外，还可以直接输出字符串，也可以通过输出转义字符 "\n" 或 endl 字符来控制换行的操作。例如：
```
cout<<"My name is:"<<name<<endl;
cout<<"My age is:"<<age<<"\n";
```
第一行语句将在屏幕上输出字符串 "My name is:" 和变量 name 的值，然后换行。第二行继续显示下一语句的输出内容，下一语句输出字符串 "My age is:" 和变量 age 的值，然后也是一个换行，光标移至第三行，语句执行结束。"\n" 和 endl 在 cout 函数中都能够实现换行，endl 意指 end of line，在 cout 函数中更为常用。

1.3.3　预处理程序

所谓预处理程序，就是指在编译程序之前对程序所做的预处理。并不是所有语句都是可以直接执行的程序语句，遇到这样的情况，就必须在程序编译之前通过一个中间介质，将这一类编译器无法直接编译的语句转换成编译器可以编译执行的内容，这个介质就是预处理程序。

　　例如人们在编写程序时，会在 main 函数之前利用 #include 语句引入头文件到程序中，这个 #include 语句就不是一个可以执行的程序语句。头文件包含许多函数的定义，如之前提到的 cin 函数或 cout 函数的定义就包含在 iostream.h 这个头文件中，所以在使用 C++的输入函数 cin 或输出函数 cout 之前，必须先引入 iostream.h 文件。预处理程序遇到#include 语句，会找到所引入的标题文件，并将该文件的内容直接引入到程序内。

　　还有一些其他的预处理语句，在后面相应章节中再一一介绍。

1.3.4　程序的注释

　　在程序的编写过程中，程序的注释是非常重要的工作。注释是写给人看的，编译器处理时不会将其作为程序的代码语句，因此不会影响程序的执行。好的程序都会在关键语句处写上注释，这样便于程序的阅读理解和日后的维护。

　　C++的程序注释方式如下：

```
// 注释
```
或
```
/*
注释
*/
```

　　在"//"后的文字会被程序编译器视为注释，直到该行的结束，在"//"后的文字或字符都不会被程序当成程序代码来执行。

　　在"/*"和"*/"之间的文字，也是程序的注释，被括在这一对符号之间的内容被视为注释，这里的注释可以换行。

　　一般的程序注释都会出现在函数之前或语句结束之后，这样的注释方式让源程序代码看起来更为简洁，自然也较易理解。例如：

```
/* 这是计算标准体重的函数 */
int is_fat(int height,int weight)
{
    return answer;  //返回一个整型类型的变量值
}
```

编写程序应该养成随时加上注释的好习惯，同时也要注意不宜编写大篇幅的注释内容。

1.4　编写第一个程序

　　每一个 C++程序都是一个"项目"，在一个程序中可能有一个 C++源代码文件，也可能有多个源代码文件共同合作完成相应的功能。总之，编写有代码的源文件存在于"项目"中。在编写程序时，需要新建"项目"，在"项目"中再新建相应的"项"（即源代码文件）来编写代码。

　　首次运行 VS 2005 将打开图 1-2 所示的"选择默认环境设置"对话框，选择"Visual C++开发设置"选项后单击"启动 Visual Studio"按钮即可进入开发界面。

图 1-2 "选择默认环境设置"对话框

启动 VS 2005 后会进入开发环境的"起始页"界面，如图 1-3 所示。可以在起始页中打开已经存在的项目，也可以在起始页中新建项目，或者单击"关闭"按钮关掉起始页，从菜单中新建项目。

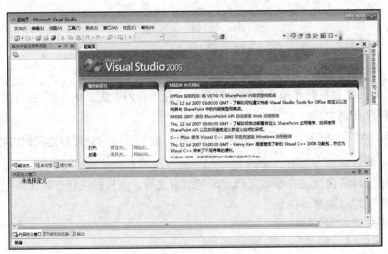

图 1-3 起始页界面

这里单击起始页右上角"关闭"按钮关掉起始页，然后选择"文件"菜单"新建"子菜单的"项目"命令。步骤如图 1-4 所示。

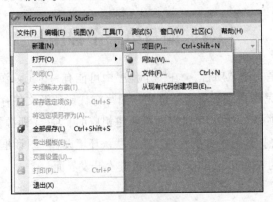

图 1-4 新建项目

　　弹出的"新建项目"对话框如图1-5所示。在"新建项目"对话框中展开"项目类型"选项组中的Visual C++选项并单击Win32，在右侧的"模板"选项组中单击"Win32控制台应用程序"选项。在"名称"文本框中输入FirstApplication，在"位置"文本框中输入该程序保存的位置，本书中各程序例子的保存位置均为D:\C++Projects，然后单击"确定"按钮。

图1-5　"新建项目"对话框

接着弹出"欢迎使用Win32应用程序向导"对话框，如图1-6所示。

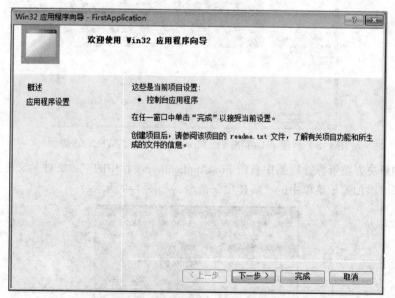

图1-6　"欢迎使用Win32应用程序向导"对话框

　　单击"下一步"按钮，弹出图1-7所示的"应用程序设置"对话框。在该对话框中的"应用程序类型"中选中"控制台应用程序"单选按钮，在"附加选项"中选择"空项目"复选框，最后单击"完成"按钮。

　　至此，一个C++项目创建完成，该项目中没有内容。此时的VS 2005如图1-8所示。

图 1-7　"应用程序设置"对话框

此时，在左侧的解决方案资源管理器中可以看到之前创建的 FirstApplication 项目，右侧用来编写代码的文档窗口是灰色的不可用状态。这是因为现在 FirstApplication 是一个空项目，接下来就要为其添加源文件，然后再编写代码。

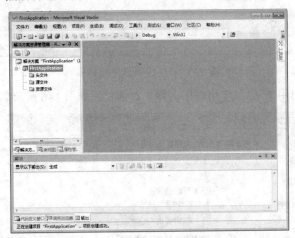

图 1-8　创建了 C++空项目 FirstApplication 的 VS 2005 界面

在左侧的解决方案资源管理器中右击 FirstApplication 项目中的"源文件"文件夹，并在弹出的菜单中选择"添加"子菜单中的"新建项"命令，如图 1-9 所示。

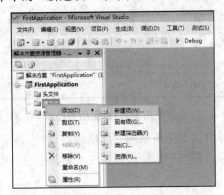

图 1-9　为 FirstApplication 项目添加项

在弹出的"添加新项"对话框中选择 C++文件（.cpp），在"名称"文本框中输入 FirstApp，保持默认的位置，单击"添加"按钮，如图 1-10 所示。

图 1-10　"添加新项"对话框

添加完成后，VS 2005 界面中的文档窗口将变成亮白色，其上方标签将显示新添加的源文件名称 FirstApp.cpp，在文档窗口中可以输入代码，下面开始编写第一个 C++程序，如图 1-11 所示。

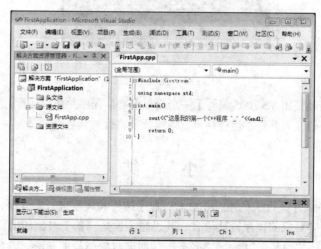

图 1-11　新建源文件并编写代码

在文档窗口中编写的程序代码如下：

```
01  #include <iostream>
02
03  using namespace std;
04
05  int main()
06  {
07    cout<<"这是我的第一个 C++程序 ^_^ "<<endl;
08
```

```
09    return 0;
10  }
```

程序代码分析：

第 1 行：通过预处理语句 #include 引入了 iostream 头文件，这是因为程序中用 cout 来输出内容。

第 3 行：表示从源文件的这个地方开始，可以使用命名空间 std 中的名称。

第 5 行：开始了每个程序都要有的非常重要的 main 函数，其返回值类型是 int。

第 6 行和第 10 行：这一对大括号括起来的是 main 函数的函数体。

第 7 行：输出双引号括起来的字符串，然后换行。

第 9 行：return 语句返回整数 0，表示结束 main 函数，将控制权返回给操作系统。

接下来，人们可以选择"生成"菜单中的"生成解决方案"命令，或直接按【F7】快捷键，对程序进行编译。也可以选择"调试"菜单中的"启动调试"命令，或按【F5】快捷键来进行调试编译。若程序没有错误，则在下方的输出窗口中将会出现如下字样：

"========== 生成：0 已成功，0 已失败，1 最新，0 已跳过=========="

本书中建立的是基于 Win32 控制台的项目，因此，C++程序运行时会打开一个 MS-DOS 控制台窗口，在其中显示程序的运行结果。

选择"调试"菜单中的"开始执行（不调试）"命令，或直接按【Ctrl+F5】组合键，将看到程序的运行结果，这里的运行结果如图 1-12 所示。其中"请按任意键继续…"是程序运行结束后 MS-DOS 控制台提供的内容。

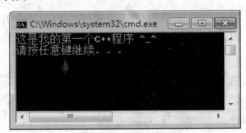

图 1-12   程序运行结果

至此，已经完整地使用 VS 2005 编写了一个简单的 C++程序并加以运行。结合本章前面描述的内容，试着对程序进行改写并观察运行结果。后续章节将针对其各个部分逐一展开进行详细描述。

小　　结

本章对 C++程序设计进行了概述，并对 C++程序结构和编写进行了介绍，主要内容如下：

- C++是一种面向对象的程序设计语言，其思想主旨是"基于对象的编程"。
- 对象的"抽象""封装""继承""多态"是面向对象编程的核心，具体内容将在后续章节一一讲解。
- 函数是组成 C++程序的基本结构。
- C++使用 cin 函数进行输入，使用 cout 函数进行输出。输出时通常配合使用 endl 实现内容显示的换行。
- 预处理是编译前处理的内容，#include 预处理语句在程序编译前将需要的头文件引入到程序中来。
- 注释分两种，"//"后面引出的是单行注释，注释内容不可换行；"/*"和"*/"括起来的是成段注释，当然也可以写在一行。

- 使用 Visual Studio 2005 集成开发环境进行 C++程序开发，其基本使用步骤是：新建 Win32
控制台空项目→新建 C++源文件（.cpp）项→编写代码→按【F5】键进行调试编译→按
【Ctrl+F5】组合键查看→运行结果。

上 机 实 验

1. 反复练习 VS 2005 的使用，熟悉在其中新建项目、新建项的操作。
2. 改写本章中的程序代码，修改其输出语句中双引号的内容，观察程序运行结果。
3. 修改本章中的程序代码，将 main 函数体中的语句改为如下语句，观察程序运行结果：

```
{
    int age=18;
    cout<<"my age is"<<age<<endl;
    cout<<"我今年"<<age<<"岁"<<endl;
}
```

第 2 章

变量与数据类型

面向对象程序设计的精髓就在于设计及扩充用户自定义的数据类型，自定义数据类型的设计目标就是要让数据类型和数据能够相符合，这样才能让计算机处理数据。C++内建的数据类型是用户自定义数据类型的基础，因此在开始设计自定义数据类型前，应该先对内建的数据类型有清楚的认识和了解。

编写程序最终的目的就是处理数据，要想让计算机能够处理人们交付给它的数据，就必须合理地使用"变量"与"常量"，并且搭配适当的数据类型，这样计算机才能够正确地识别并处理数据。

学习目标

- 理解 C++中的数据类型
- 掌握整型、字符型、浮点型、布尔型等常用数据类型的使用
- 理解 unsigned 数据类型
- 掌握常量、变量的声明和使用
- 理解变量的生命周期
- 掌握数据类型之间的转换

2.1 浅谈数据类型

程序语言中的"数据类型"就像是日常生活中的度量单位一样，一杯水、两支铅笔或 5 本书中的"杯"、"支"、"本"这些单位也就是人们所使用的数据类型。C++中所内建的数据类型主要有整数类型、浮点数类型、字符类型、字符串类型、布尔类型及 unsigned（无符号）的数据类型，还有一些派生的数据类型，如数组、结构、指针等。本章中，先介绍一些基本的数据类型，至于数组、结构、指针等派生的数据类型，将在后面的章节中再详细介绍。

程序中之所以要使用数据类型，无非是想让计算机可以清楚地知道该如何处理数据。计算机只认识 0 与 1，用户输入的所有数据都会被转换成 0 与 1 的组合。

许多数据经过转换后所显示的样式都是相同的。例如，英文字母 A 转换后就变成 01000001，而数字 65 转换后也是 01000001，那么计算机该如何知道这是 A 还是 65 呢？

这就需要数据类型帮忙。因为 A 是一个字符，而不是数值，如果明确告诉计算机这是字符，那么计算机自然就知道这是 A 而不是 65 了。相应地，如果明确告诉计算机这是一个整数，计算机也就按照整数来存储和使用 65。如果不这么做，计算机就会表示它不认识这一条数据，程序不能正常运行，或者使用错误的方式处理数据，导致结果不正确，这都是人们不愿意见到的。

2.2　整　数　类　型

整数类型可以说是日常生活以及程序语言中最常用的数据类型，通常简称整型。整型就是不含小数部分的数值，包括正整数与负整数，如 1、30 000、–27 之类的数值都属于整型。整数是无限的，虽然计算机有着强大的数据存储和处理能力，但毕竟受到物理限制，内存是无法表达无限多的整数的。

C++提供了各种整型数据类型，配合编程人员的各种需求。不同整数类型所需的内存大小不同，使用较大的内存可以用来表达较大范围的整型值。有些整数数据类型可以同时表达正负整型，有些则只能表达正整数而不能表达负整数。

2.2.1　整数类型分类

C++语言中，整数类型依据使用的内存空间大小不同可分为标准整型 int、短整型 short 和长整型 long，它们的区别只是数值范围不同而已。

标准整型 int 是最常用的一种整型类型，这种数据类型所占用的内存空间是 4 B（字节）；短整型 short 用来描述并不是非常大的整数，占用的内存空间是 2 B；长整型 long 能够描述的整数范围最大，通常占用 8 B 的内存空间，是短整型的 4 倍。3 种整数类型的相关信息如表 2-1 所示。

表 2-1　整数类型的相关信息

关　键　字	内存空间/B	数　值　范　围	范　　例
int	4	–2 147 483 648～2 147 483 647	中国手机用户数量
short 或 short int	2	–32 768～32 767	人的年龄
long 或 long int	8	–9 223 372 036 854 775 808 ～9 223 372 036 854 775 807	地球的人口数

声明变量时，在变量前加上相应的关键字，就表示使用相应的类型。例如：

```
int mobile;
short age;
long people;
mobile=900000000;
age=26;
people=7000000000;
```

第 1 行就是声明一个标准整型的变量 mobile，用来记录中国手机用户数量；第 2 行声明一个短整型类型的变量 age，用来记录年龄数据，因为年龄超过 32 767 的概率几乎等于 0，所以程序采用 short 类型就已经足够了；第 3 行声明一个长整型类型的变量 people，用来记录地球的人口数量，这个数值已经远远超过 short 和 int 能够表达的范围，因此必须使用 long 类型才能正确地记录数据；第 4 行给变量 mobile 赋值为 900 000 000；第 5 行给变量 age 赋值为 26；第 6 行给变量 people 赋值为 7 000 000 000。这个范例牵涉到变量声明与变量赋值，相关内容将会在本章后续小节进行介绍。

C++提供了一些工具，可以检查数据类型所占用的内存大小。例如，人们可以使用 sizeof 运算符来获取数据类型或变量的字节数。下面就来查看 int 所占用的内存大小，代码如下：

```
cout<<"int 占用内存 "<<sizeof(int)<<" 字节\n";
cout<<"mobile 占用内存 "<<sizeof mobile<<" 字节\n";
```

以上程序代码的输出为

int 占用内存 2 字节
mobile 占用内存 2 字节

同样地，可以查看 short 和 long 及相应变量的内存大小，代码如下：

```
cout<<"short 占用内存 "<<sizeof(short)<<" 字节\n";
cout<<"age 占用内存 "<<sizeof age<<" 字节\n";
cout<<"long 占用内存 "<<sizeof(long int)<<" 字节\n";
cout<<"people 占用内存 "<<sizeof people<<" 字节\n";
```

以上程序代码的输出为

short 占用内存 2 字节
age 占用内存 2 字节
long 占用内存 8 字节
people 占用内存 8 字节

如果数据的数值在−32 768～32 767 之间，建议使用短整型类型以减少内存的使用空间。例如，人的寿命不太可能大于 32 767，因此在记录年纪数据时，可以选择使用 short 类型，这样可以减少浪费内存空间，还可以提高系统的效率。

现在计算机系统所使用的内存已经不像从前那样昂贵，所以许多开发人员为了避免麻烦，在程序中一律都使用长整型来表达数值。但是，系统的资源（CPU 缓存器、内存等）毕竟是有限的，为了提高系统资源的使用效率和系统性能，建议不要太懒惰，应多加利用 C++ 所提供的各种整型数据类型。

在使用长整型时，可以给数值的最后添加一个 L 或 l，以明确表示该整数是 long 类型，如上面的语句可可写成：

```
people=7000000000L;
```

带有大写字母 L 或小写字母 l 的整数会存储为 long 类型。如果指定整数时没有加上后缀 L，会默认存储为 int 类型，除非该整数超出 int 类型的取值范围，此时就会存储为 long 类型。如果整数超出 long 类型的取值范围，编译器就会给出一个错误消息。

每种整数类型的取值范围取决于编译器，表 2-1 中列出了常见的取值范围，但读者的编译器有可能会分配不同数量的内存空间。

2.2.2　整数类型的修饰符

之前介绍过，在 C++ 程序语言中，整型不仅可以表示含正负符号的数值，也可以设置只用来存储无符号整型，只需要在数据类型前加上特定的修饰关键字 signed 或 unsigned，就可以明确指定是否带有正负性质，如表 2-2 所示。

表 2-2　修饰关键字 signed 或 unsigned

关　键　字	说　　　明
unsigned	表示不包含正负符号的数值（无符号整型）
signed	表示包含正负符号的数值（有符号整型）

C++ 默认的整数类型是包含正负符号的，如果没有指定 signed 是 unsigned，则 C++ 编译器会将整数值自动设置成 signed。各类型的取值范围见 2-1。

如果使用 unsigned 关键字，各类型数据将不再具备表达负数的能力，原本用来表示有符号整型的部分也会被用来表示无符号整型。unsigned short 类型可以表示的数值范围是 0～65 535，unsigned int 类型可以表示的数值范围是 0～4 294 967 295，unsigned long 类型可以表示的数值范围是 0～1 844 644 073 709 551 615。如果确定数值不会小于 0，就可以利用 unsigned 关键字，表示的数值将得以扩充。

如果要将某个数值表示为不含正负符号的数值，则要在数值后加上字母 U，让编译器将此数值视为无正负区别的数值，例如：

```
123U
60000U
```

在数值后加上 U，编译器就会将依照 unsigned 数据类型的数值范围配置内存并记录数值，让数值的范围符合 unsigned 数据类型。

生活中有许多数值是不会小于 0 的，如汽机车的里程数、书本的页数或年龄等，这些数值就可以使用 unsigned 来表示。如果不确定数值是否会以负数的方式显示，最好还是使用默认的 signed。

有一点值得注意，如果所要记录的数值超过整数所能记录的范围，也就是数值已经溢出（Overflow），超过的范围将会重新开始算，就像汽机车的里程表一样。

2.3　字符类型

字符类型（char）是存放单个字母或数字等字符文本数据的类型。系统归根结底是使用数字来存储、处理文字的，所以 char 数据类型实际上可以看做另一种整型类型。在一般的计算机系统中，256 个字符就已经足够表示所有的基本符号，如字母、阿拉伯数字、标点符号等，所以只需要 1 B 来存储。

一般来说，字符是构成一个完整单字或句子的基本单位，美国最通用的符号集为 ASCII 字符集，每个数值代码都表示一个字符集中的字符，总共有 128 个字符符号。在 C++中，字符类型仅占用 1 B 的内存空间，可以用来表示所有的 ASCII 字符或整数值。

补充说明：ASCII 字符

ASCII 是美国国家标准信息交换码（American Standard Code Information Interchange）的缩写，是在 1968 年制定的标准，共制定 128 个字符，可供不同的计算机设备相互交换数据使用，字符类型的相关信息如表 2-3 所示。

表 2-3　字符类型的相关信息

关 键 字	内 存 空 间	数 值 范 围	范 例
char	1 B	128 个 ACSII 码	字母 A、c
		−128～127	数值 65、−38

C++语言中，字符类型也可以用来存储整数，这是计算机内部的编码方式所导致的结果。例如，英文字母 A 在 ASCII 中的编码是 01000001，而整数值 65 的编码也是 01000001。

在这种情形下，字符数据和整型数据是通用的，不过必须注意 char 只能包含 1 B 的数据，如果使用数值转字符的方式，则该数值不能大于 127 或小于−128，当然也不能使用具有小数的数值。下列是几种使用字符类型数据的方法：

```
char letter='A';    //直接指定字母
char letter=65;     //将数值转成字母
```

上述这两种方法的执行结果完全相同，这两种方法记录的数据都是英文字母 A，不过使用数值转换字母的方式比较麻烦，一般还是使用第一种方式。人们可以通过 char 来转换数值代码和字符，代码如下：

```
char a='A';
int i=a;
cout<<"The ASCII code for "<<a<<" is "<<i<<"\n";
a=a+1;
i=a;
cout<<"The ASCII code for "<<a<<" is "<<i<<"\n";
```

以上的程序代码的输出为

```
The ASCII code for A is 65
The ASCII code for B is 66
```

在 C++程序中必须利用单引号"'"将字符括起来，当计算机读到单引号"'"时，就会将里面的数据视为字符，而不会进行任何的处理操作。

如果利用 char 类型存储整型值,同样可以应用 signed 或 unsigned 关键字,其效果与整型相同,不过对于字母则没有任何意义。

字符是组成一个完整单字或是句子的主要元素,C++允许编程人员将数值转换成对应的 ASCII 字符,这种方式让编程人员可以拥有更多的灵活性与选择。

2.4　浮　点　类　型

整型固然是程序语言中最常用的数据类型，但是人们所接触的并非全然都是整型，如存款利息、平均分数等，这些数值在绝大多数的情形下都不是整型，而是包含小数的数值。

在程序语言中，这种具有小数的数值被称为"浮点数"。

浮点数可以说是 C++中第二常用的基本数据类型,浮点数的表示范围很广,有些数据超过 long 所能表示的范围,这时就必须使用浮点数,如银河等中的星星数量。

2.4.1　浮点类型分类

在 C++语言中，浮点类型分为单精度浮点类型（float）和双精度浮点类型（double）两种，其相关信息如表 2-4 所示。

表 2-4　浮点类型的相关信息

关　键　字	内存空间/B	数　值　范　围	范　　例
float	4	$3.4\times10^{-38}\sim3.4\times10^{38}$	重力加速度 9.8 m/s^2 存款利息 50.9 元
double	8	$1.7\times10^{-308}\sim1.7\times10^{308}$	圆周率 3.14159

单精度浮点类型 float 可以记录 $3.4\times10^{-38}\sim3.4\times10^{38}$ 之间的所有数值，精确的位数可以到小数点以后第 7 位。

双精度浮点类型 double 可以表示 $1.7\times10^{-308}\sim1.7\times10^{308}$ 之间的所有数值，精确的位数可以到小数点以后第 15 位。

在设置浮点数数值时，可以利用一般常用的标准 10 进制表示方式，如 3.14159；也可以利用科学计数的方法设置，如 314159E-5。

使用指数的方式时必须在数值之后加上 E，表示后面的数值为指数，而 E 后面的数值可以是正数也可以是负数。正数表示乘以 10 的次方，负数表示除以 10 的次方。例如，3.14159 就有两种指数表示法：314159E-5 或是 0.031459E2。这两种方式的结果是一样的，只是表示方法不同。

声明浮点数变量时通常都会使用 double 关键字，如果需要明确表示所描述的浮点数是 float 类型，则要在数值后加上 f，例如：

```
float pi=3.14159f;
```

这一行程序中，声明一个名为 pi 的变量，并且指定初始值为 3.14159。注意，在 3.14159 后加了 f，告诉计算机这是一个 float 类型的数值。关于变量的声明方法，将在后面进行介绍。

2.4.2 浮点类型与整型的比较

浮点数和整型相比较之下有两个优点：

（1）能够表示小数。所表示的数据更多、更精确。

（2）能够表示的范围较大。浮点数可以表示的数值至少有 $3.4×10^{-38}～3.4×10^{38}$，这比整型所能表示的范围大得多。

浮点数除了以上的优点外，当然也有一些缺点：

（1）如果在没有算术运算器的情况之下，浮点数的运算处理速度比整数慢。因为浮点数存储、运算时所需要的内存容量较大，处理数据时常常需要更动缓存器中的值，所以处理速度比整型慢。

（2）可能会造成数据不精确。如下的程序代码就是一个例子。

```
float a=3.14E+20;
float b=a+1;
cout<<"a="<<a<<"\n";
cout<<"b-a="<<b-a<<"\n";
```

这段程序代码的输出为

```
a=3.14E+20
b-a=0
```

该代码中已经将 a 的数值加 1 然后赋给 b 了，相减的结果应该是 1，怎么会是 0 呢？原因是 float 数据类型最多只能表示 6 或 7 位数字，所以在第 21 位数加 1 根本不会影响原来的数值。

浮点数类型也可以利用 unsigned 关键字改变数值范围，其效果与整型类型相同，可以将原本用来表示负数的内存空间全部用来表示正数。

具有小数的数值随处可见，包括存款利息、股市点数或分数，这些数值无法利用整型真实表现出来，因此程序语言中就有了浮点数这种数据类型，该类型解决了许多相关的数据处理工作。

2.5 布 尔 类 型

布尔是表示逻辑变量的专有名词，所代表的意义就只有真与假两种。

布尔类型（bool）所包含的值只有两种：true 及 false，绝大多数是用来控制程序的执行方式的，其相关信息如表 2-5 所示。

表 2-5 布尔类型的相关信息

关 键 字	数 值 范 围	范 例
bool	0 与 1	真或假

bool 类型用来存储测试或比较的结果，如果结果成立，就是 true，否则就是 false。

在 C++中，false 通常以 0 表示，而 true 则以其他非 0 的数值表示。请注意，true 与 false 并不是 C++保留的关键字，也不是合法的布尔值，虽然在 Visual C++中可以使用这两个字代替布尔值。

使用 bool 类型的方法与其他数据类型相同，只需要在变量前加上 bool 关键字即可。

```
bool test;
test=true;
```

这种声明与指定方式可以在 Visual C++中使用，请注意，第 2 行程序并非适用于所有的 C++编译器，最好将 true 改成 1 或是其他非 0 的数值。或者，建议将上述的写法改成以下写法：

```
bool test=true;
```

其实，任何的数值或指针值都可以自动转换为 bool 值，只要是非 0 值就会转换为 true；相反的，如果值为 0 就会转换为 false。例如：

```
bool a=7;  //a is true
bool b=0;  //b is false
```

绝大多数布尔类型用来处理程序中判断或比较的结果，虽然并不复杂，却是编写程序时极为重要的一环，少了它，程序就只能执行单一的工作，不能判断或选择执行的方法了。

2.6 变　　量

一般来说，刚开始学习一种程序语言时，最先接触到的可能就是如何定义、使用变量与常量，但是什么是变量？什么是常量呢？简单来说，会随着程序的执行而更改本身的值，就称为变量。而常量刚好与变量相反，如果值不会随着程序的执行而改变，就称为常量。

程序设计最重要的就是处理数据，并且获取某个特定的结果。在程序运行过程中，内存中有一些被命名并且可以存储数据的空间，而这类的内存，在程序设计领域中被称为变量。

变量和常量最大的不同点是变量可以随时被声明或随时被更改，不论是通过程序的运算（如加、减、乘、除等）还是直接赋值变量的值，都可以立即更改变量的值。变量也是程序语言最基本、最重要的部分，它可以被设置成不同的数据和类型，用来存储计算机处理的数据。

在定义变量（有时也称声明变量）之前，计算机不会自动规划一块内存让程序存储数据，必须利用 C++提供的声明机制，让计算机划出一块内存空间，以供程序使用。

C++中，变量必须先声明，再初始化赋值，然后才能使用。

2.6.1　变量的声明

变量声明是一种指定变量名称与数据类型的程序语句，而 C++声明变量的方式非常简单，只需要在变量名称前加上要使用的数据类型即可，声明变量的方式如下：

数据类型关键字　变量名称[=初始值];

声明变量时，[ ]内的程序语句是可以省略的。"数据类型关键字"就是之前介绍过的整型、浮点型、字符型等这些数据类型的关键字，如 int、char、double 等，"变量名称"则是让程序识别用的，程序必须依靠这个名称访问内存中的数据。还有一点必须注意，刚开始学习程序语言的人们在命名变量时最好使用有意义的字符，例如，书本的名称可以使用 bookname 或是 book_name，不要使用 a、i、k 等无意义的字符作为变量名称，否则很容易混乱。

注意事项：关键字与变量名称

在 C++语言中，关键字及变量名称的大小写字母会被计算机视为不同。也就是说，A 与 a 是不一样的字母；变量 age 与 Age 也会被视为不同的变量；当然 int 与 Int 也是不同的，int 是整型类型的关键字，Int 则不是。这种字母大小写的差异必须特别注意。

在 C++中，变量名称必须按照一定的规定，否则程序将会无法正确地编译和执行。变量名称可以由大写或小写的英文字母（A~Z 与 a~z）、数字（0~9）、下画线（ _ ）组成。其他字符包含中汉字，因此不能包含在名称中。

此外，变量名称长度不得超过 255 个字符，也不能使用 C++保留的关键字（如 cout、int）等。最好养成良好的变量命名习惯，遵守一些规范，如使用容易识别的单词进行命名，变量名和函数名中首个单词全部小写其他单词首字母大写（myName，currentNum），类的名称每个单词首字母都大写（MainClass，Student）等。这样，不论是编写程序还是维护程序，都会比较轻松。

因此可以整理出一套变量名称的命名规则：

（1）变量名称可用字母、数字及下画线字符。

（2）变量名称的第一个字符不可以是数字。

（3）大小写有区别。

（4）不可以使用 C++的关键字作为变量名称。

（5）C++的变量名称没有长度的限制。

在程序中声明变量后，变量所占内存的大小会依照数据类型的不同而有所差异。

如果程序中需要一个整数变量用来记录英文成绩，可以利用下面的方式声明：

```
int english;
```

经过这一行程序的声明后，计算机就会为程序配置一块名为 english 的内存空间，大小为 4 B。

如果程序中有多个相同数据类型的变量，在声明变量时，可以在同一行程序语句中同时声明多个变量，只需要利用逗号","将变量名称分隔开即可。例如：

```
int english,chinese,math;
```

这种变量声明方式虽然方便，但是会增加阅读程序或维护程序者的困扰，尽量还是采用一行声明一个变量的方式较好。

在 C++程序中，声明变量的语句的位置没有硬性要求，但注意，必须在第一次使用变量前声明变量，编译器才会将此变量视为可以合法使用的变量。

2.6.2 变量的初始化

所谓初始化，就是在声明变量之后指定变量的初始值。C++并不会自动为变量做初始化的操作。声明变量后，计算机会为变量分配一块内存空间，此时变量的初始值就是该块内存空间目前所具备的内容。也就是说，在 C++语言中，如果没有为变量设置初始值，那么变量的内容将是乱七八糟的无用数据，这些数据是之前使用这块内存的程序遗留下来的，并非人们所能掌握的。

为了让程序能够得到正确的执行结果，请务必为变量指定初始值。例如：

```
int english=90;
```

或

```
int english;
…
english=90;
```

这两种程序语句都是声明并指定变量初始值，结果完全相同，人们可以依照自己的习惯选择一种方式使用。

另外还有一种指定初始值的特殊方式，只要在变量名称后加上括号，并且在括号内放入初始值即可。例如：

```
int english(90);
int math(60);
```

这种方式与一般的数学函数类似，因此这种方式被称为函数表示法，这是 C++中一种特殊的变量初始化方法。

变量的初始值也可以通过表达式来指定，让计算机执行计算并且指定变量的初始值。例如：

```
int area=6*6*3.14159
```

这种方式可以让设计人员省去计算数值的时间，把注意力放在设计程序上，而不用放在计算数值上。

2.7　常　　量

常量是指不会改变的数值，即使经过程序执行也不会改变其值。一般日常生活中存在的常量有圆周率 π、重力加速度 G 等，这些数值都是不会改变的常量。

在程序语言中，常量与变量的某些性质十分类似，但是变量是可以更改内容的内存，而常量在程序执行阶段却不能更改内容，如果程序企图更改它的数据，就会发生错误。因此，常量可以视为不能更改数据的变量。

2.7.1　使用 const 声明常量

在 C++ 程序语言中，声明常量之前要加上 const 关键字，让计算机知道这是一个常量，而不是一般的变量，常量声明的方式如下：

```
const 数据类型 常量名称=初始值;
```

C++ 语言在声明常量的语句中必须为常量赋初始值，而且在程序中不能企图更改常量的值，否则程序将会出现错误信息，并且无法编译、执行。

可以看到，声明常量的方式和声明变量差不多，只需要加上关键字 const，变量就成了常量。有如下语句：

```
const int book_price=580;
```

这里使用关键字 const 做变量声明并初始化赋值，在程序中的其他地方就可以使用 book_price 代替 580。book_price 已经设置了初值，编译程序不会让任何语句改变 book_price 的值。如果在程序中有许多地方用到 book_price 这个常量，假设这个常量的值需要更改，那么只需要修改最初常量定义的地方即可。

2.7.2　使用#define 声明常量

除了使用 const 修饰符来定义常量，C++还有另外一种声明常量的方法，那就是使用#define 指令。使用#define 声明的方式如下：

```
#define 常量名称 初始值
```

这种声明方式与程序开头#include 指令的使用方式相似，它也是 C++ 中常用的声明方式，例如：

```
#define PI 3.14159
```

这条指令建立一个名为 PI 的常量，且数值为 3.14159，与使用 const double PI=3.14159 的结果相同。

使用#define 指令的缺点是无法指定常量的数据类型，在使用上可能会出现一些问题，因此还是建议使用 const 关键字来声明常量。

虽然 C++可以使用以上两种方式来声明常量，但是使用 const 关键字声明常量与使用#define 声明常量比较，前者有以下几方面优点：

（1）可以清楚地标明数据类型。

（2）可以用 C++的作用域（2.8 节将会介绍）将常量声明限制在特定的函数或文件中。

（3）可以定义复杂的数据类型，如数组等。

常量可以为程序设计师记住某些冗长、难记的数值，如圆周率等。使用常量之后，就能以易记的常量名称代替这一长串的数值，而且不必担心数值会被更新而导致执行结果不正确。

2.8　变量与常量的生命周期

变量的分类方式有两种：第一种分类方式是依照变量定义的不同范围，分为局部变量和全局变量；第二种分类方式是依照变量行为的不同，分为静态变量和自动变量。

不管使用哪一种程序语言，变量与常量都有一定的使用时间，也就是说，只有在这段时间之内，变量或常量才存在，才可以加以访问，这一段时间称为变量或常量的生命周期。在程序执行时，有些变量或常量会持续存在，直到程序结束为止；而有些变量或常量则在执行到某一段程序时才被建立，离开该程序时就会自动消失；还有些变量或常量可以在需要时才建立，不需要时再释放。

常量与变量根据不同的声明范围，而有不同的使用范围，人们称之为作用域，也就是人们可以接触到该变量或常量的区间。所有范围都可以访问的变量称为全局变量；只有特定范围可以访问的变量称为局部变量，其关系如图 2-1 所示。

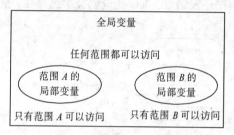

图 2-1　全局变量与局部变量

变量的作用域不仅关系着访问的权限，还决定了变量的生命周期。假设一个程序中使用一个变量，当程序声明变量时，该变量就会出现；当程序结束时，该变量就会消失，并且将内存的控制权交还给计算机。

2.8.1　局部变量

在一个函数块中所定义的变量都属于局部变量，其作用域就是从变量声明开始到函数块结束。在该函数块中，该变量的名称必须是唯一的。局部变量的生命周期开始于该函数块执行，持续到该函数块结束。程序的执行离开该函数块时，该变量就会消失、不存在。在此自定义一个可以输出信息的小函数来做说明：

```
function printData()
{
  int data=123;
  cout<<"data:"<<data<<"\n";
}
printData();
cout<<"data:"<<data<<"\n";
```

以上程序代码的输出为

```
data:123
data:
```

上述代码中，局部变量 data 的值在 printData()函数执行时有被输出，但是在 printData()函数执行结束后，变量 data 就不存在了，所以程序输出空信息，这段程序代码可以充分表现出局部变量的意义。

2.8.2　全局变量

在函数之外所定义的变量都属于全局变量。全局变量在定义后会一直存在，直到程序执行结束后才会消失。所以全局变量的作用域为：从变量声明的地方开始到程序结束的地方为止，并且变量的名称在程序中也必须是唯一的，下面举一个使用全局变量的程序代码来做说明：

```
int data=123;
cout<<"data:"<<data<<"\n";
…
cout<<"data:"<<data<<"\n";
```

以上程序代码的输出为

```
data:123
…
data 123
```

data 这个变量是全局变量，不在任何一个语句块内。只要在程序的范围内，都可以访问 data 这个变量。换句话说，只要程序还没结束，data 变量就会永远存在，全局变量的生命周期如图 2-2 所示。

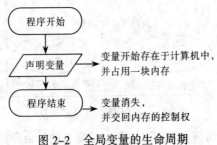

图 2-2　全局变量的生命周期

变量会随着程序而出生、死亡，其实就是获取内存、释放内存的一个过程。当程序声明变量时，就可以获取一个可用的内存空间；当程序结束时，会将内存归还给系统使用。

2.8.3　自动变量

会自动产生并且自动消失的变量称为自动变量。自动变量只存在于所定义的函数块内，只要函数调用结束，所定义的变量就会自动消失。基本上，它与局部变量类似，就是该变量只存在于该函数中，只要一离开该函数区，该变量就会自动消失。下面举一个使用自动变量的程序代码来做说明：

```
function printData()
{
  int data=123;
  cout<<"data:"<<data<<"\n");
  data=data*2;
}
printData();
printData();
printData();
cout<<"data:"<<data<<"\n");
```

以上程序代码的输出为

```
data:123
data:123
data:123
data:
```

在函数 printData()中，输出变量 data 的值后，变量 data 的值乘以 2，然后存回变量 data。但是可以看到，不管调用多少次 printData()函数，上一次函数调用结束前变量 data 的翻倍都不会被保存，再次调用 printData()函数还是输出 123。这就是因为变量 data 是局部变量，是自动变量，每次函数调用时会为这次调用产生一个变量 data，调用结束时这次的变量 data 就会消失，下次调用会再新产生一个。

2.8.4　静态变量

静态变量与自动变量的最大不同点是：声明变量时，如果在变量的类型前加上 static 修饰符，该变量就会成为静态变量。在函数块中，静态变量的值会一直存在，不论所存在的程序块是否已经执行结束。静态变量与自动变量一样，都是属于在某一个特定函数内的局部变量，但与自动变量的不同之处是：静态变量的值并不会因为函数执行的结束而消失。因此，如果程序再一次回到该函数执行时，变量的上一次执行结果仍然存在变量中。下面举一个例子来说明静态变量的特性：

```
function printData()
{
  static int data=123;
  cout<<"data:"<<data<<"\n";
  data=data*2;
}
printData();
printData();
printData();
cout<<"data:"<<data<<"\n";
```

以上程序代码的输出为

```
data:123
data:246
data:492
data:
```

如果使用静态变量，则函数执行完后，内存中依然保留静态变量的值，下次函数调用时"static int data=123;"这样的初始化语句将不再被执行，直接将当前静态变量的值代入此次函数调用中使用。这就出现了如上的执行结果。

读者可以比较以上几种变量的使用方法，弄清这些变量到底有什么不同，再根据自己的程序需要来使用各种变量。

在大型的项目或程序中，如果能适当选用各种存储等级的变量，可以大大提高程序的质量，开发人员可以多加利用不同作用域及生命周期的变量、常量。

2.9　转换数据类型

程序中通常都会使用多种不同数据类型的变量或常量，不同的数据类型所使用的内存大小及处理数据的方式都不相同。C++拥有丰富的数据类型，开发人员可以根据需要选择不同的数据类型，这些数据在进行混合运算时，计算机可能需要进行复杂的处理，如两个 short 数据类型的值相加和两个 long 数据类型的值相加等。

在处理复杂的混合数据类型运算时，C++会自动进行数据类型间的转换，这些操作包括：

（1）将数值赋给不同数据类型的变量。

（2）混合型数据类型的表达式。

（3）传递自变量给函数。

读者是否想过，假如一个表达式中含有不同数据类型的操作数时，这个表达式将会如何执行呢？例如：

```
int a=2;
float b=2.34;
double c;
c=a+b;
```

在 C++的表达式中，如果想处理不同数据类型的数据，就必须将数据转换成相同的数据类型。而 C++编译器提供数据转换的方法，会自动进行数据类型的转换，让程序中不同类型的数据可以进行运算处理。

2.9.1　自动转换

大多数的情况下，C++对包含不同类型数据的表达式都可以自动转换数据类型，不需要自行转换数据类型。

C++自动转换类型的机制有一定的规则，转换类型的基本原理就是将范围小的数据类型转换成范围大的类型，因为范围大的数据类型才能容纳计算的结果，否则将会失去精确性。**转换的规则如下：**

（1）当表达式中有一个操作数是 long double 类型时，另一个就自动转换成 long double。

（2）当表达式中有一个操作数是 double 类型时，另一个就自动转换成 double。

（3）当表达式中有一个操作数是 float 类型时，另一个就自动转换成 float。

（4）当表达式中有一个操作数是 char、signed char、unsigned char、short 或 unsigned short 类型时，另一个就自动转换成 int。

（5）当表达式中有一个操作数是 unsigned long 类型时，另一个就自动转换成 unsigned。

（6）当表达式中有一个操作数是 long 类型，而另一个是 unsigned int 时，则两个都转换成 unsigned long。

（7）当表达式中有一个操作数是 long 类型时，另一个就自动转换成 long。

以本节刚开始所举的例子来说：

```
int a=2;
float b=2.34;
double c;
c=a+b;
```

数据类型的转换、运算将分成如下几个阶段：

（1）在表达式开始进行之前，所有的 char、unsigned char、short、enum 都将会先转换成 int 形式，而 unsigned short 则会转换成 unsigned int。

（2）a 和 b 相加之前，编译器会将两者的数据类型都转换成 float，也就是 a 转换成浮点数 2.0，然后再与 b 相加。

（3）相加的结果存储到 c 之前，会将这个结果的数据类型再转换成 double，然后才真正存储至变量 c。

下面再举一个例子来做说明：

```
int a=5;
char b='A';
float c;
c=a+b;
cout<<"c:"<<c;
```

以上程序代码的输出为

```
c:70
```

变量 a 和变量 b 相加时，会将 b 的内容值字符 A 的数据类型转变为 ASCII 字符码 65，然后 a+b 的结果为 70，再将 70 存入 c，此时又会将 70 的数据类型由整数转换成浮点数，然后才存储到变量 c。

以上介绍的数据类型转换都是编译器自动完成的，因此才会称为自动转换。通常在遇到如下 3 种情况时，编译器都会自动依照转换规则来转换数据类型：

（1）在指定数据时，会将等号右侧的值转换为与等号左侧变量相同的数据类型。

（2）当数据被当成函数的参数来传递时，数据将会被转换为与函数所定义的参数相同的数据类型。有关函数参数的内容将在后续章节进行介绍。

（3）表达式在计算时，会将所有精确值较低的数据，转换成精确值较高的变量的数据类型。

2.9.2　强制转换

除了利用 C++所具备的自动转换功能外，开发人员也可以强迫变量转换成某一种数据类型，这种转换方式称为强制转换。强制转换通常是从精度较高的数据类型转换到精度较低的数据类型。

人们可以用"类型转换符号"来强制进行数据类型转换，C++中所谓的强制，是指设计人员所决定的数据转换方式，一般可通过如下两种方法来强制转换：

（数据类型）变量名称　或　数据类型（变量名称）

为求程序的可读性，建议还是采取第二种方式将变量名称放在括号外，这种方式是让类型转换看起来像是函数调用。

当编译器遇到强制转换的程序语句时，就会将括号内的变量转换成指定的数据类型，例如：

```
int a=1;
float b=2.34;
char c='A';
(float)a;
(double)b;
(int)c;
cout<<"a:"<<a<<"\n";
cout<<"b:"<<b<<"\n";
cout<<"c:"<<c<<"\n";
```

以上程序代码的输出为

```
a:1.0
b:2.34
c:65
```

由结果可以看出：a 原本为整型类型，现已转换成浮点数类型；b 原本为 float 类型，现已转换成 double 数据类型；而 c 原本为字符类型，且数据为字符 A，转换成整型时，数据为字符 A 的 ASCII 值 65。

但必须注意，并不是每一种数据类型都可以肆无忌惮地相互转换，有些情况下强制转换会改变数值大小，影响数据精度。例如：

```
float a=1.0;
float b=2.34;
int c=65;
(int)a;
(int)b;
(char)c;
cout<<"a:"<<a<<"\n";
cout<<"b:"<<b<<"\n";
cout<<"c:"<<c<<"\n";
```

上例中，变量 a 原本的数据类型为 float，其值为 1.0，转换成整型时，其值为 1，并没有改变变量的值，所以是安全、正确的；变量 b 原本的数据类型为 float，其值为 2.34，转换成整型时，其值为 2，类型转换时改变了变量的值，这个转换改变了数据的大小；变量 c 原本的数据类型为字符，其值为 65，转变成字符时，将会变成英文字母 A。

虽然 C++允许开发人员强制转换数据类型，但是这种方式容易导致数据变化，从而使程序发生错误。因此在编写程序之前，应该先审慎思考，并且使用适当的数据类型，避免因转换数据类型而导致不可预期的错误。"正确、安全"的数据类型转换是指不会遗失或改变数据的内容。例如，int 值转换成 long 值时，可以正确无误地转换成 long 数据类型；但是 float 值转换成 int 值时，就得注意不要造成变量内容值的改变。

许多程序设计人员在开始编写程序之前，都会把注意力全部放在程序堆中，拼命地研究程序流程，而不注意数据的处理，这是一种本末倒置的方法。设计程序之前应该先想想要用到哪些数据，该使用哪一种数据类型，最后才是处理数据。这种方式可以让编写程序时的思绪更加流畅，对于日后的程序调试、维护工作，也会有一定程度的帮助。

小　　结

本章介绍了 C++中有关数据类型和变量的基础知识，主要内容如下：

- 可以存储整数的基本类型有 short、int 和 long。
- 浮点数的数据类型有 float、double 和 long double。
- char 类型的变量可以存储单个字符。
- 整数类型和浮点数类型在默认情况下存储带符号的数据，也可以使用类型修饰符 unsigned 来限定这些类型为无符号类型。
- bool 类型用来描述真或假，是一种逻辑类型。程序中以 1 代表真，以 0 代表假。在对数据进行判断时，所有非 0 的值都被认为是真，0 被认为是假。
- 变量的名称和类型出现在声明语句中，以一个分号结束。
- 变量在声明时可以指定初始值，这是一个很好的编程习惯。
- 可以用 const 来声明基本类型的常量。
- 可以用#define 预定义常量，但不能指定类型。
- 变量根据其所在的区域分为局部变量和全局变量。局部变量处在某一大括号内，其作用域从变量声明开始到大括号结束为止。全局变量处于所有大括号外面，其作用域从变量声明开始到整个程序结束为止。

- 使用 static 修饰的变量为静态变量。静态变量在程序运行过程中始终存在，第一次使用时分配空间并初始化，再次使用时直接取得当前值继续使用。
- 不同类型的数据进行混合运算时，优先级低的类型会自动向优先级高的类型进行转换。通常，char 会转换为 int 类型参与运算，整型遇到浮点型会转换为浮点型。
- 强制类型转换是将优先级高的类型的数据转换为优先级低的，得到的是一个临时数据，存储空间里本身的数据并没有变化。

上 机 实 验

1. 编写一个程序，计算圆的面积。在程序中分别定义 int、float、double 类型的半径变量并赋予相应的数值，输出计算结果并显示 3 个结果在内存中所占的字节数。

2. 编写一个程序，输出字符 '*'、字符 '#'、字符 'A' 的 ASCII 码。注意 char 类型和 int 类型的混用。

3. 将 2.8.3 和 2.8.4 小节中的示例代码补充完整，分别运行，总结、体会自动变量和静态变量的区别，注意 static 的用法和作用。

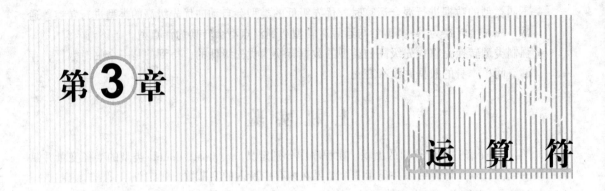

第**③**章

运 算 符

设计程序最重要的就是处理数据，计算机的数据运算功能很强，因此人们才会设计程序让计算机处理数据。运算符就像数学运算上常用的 +、−、×、÷ 等运算符号，在程序中用于数据的运算。通过运算符，程序才能让计算机进行加、减、乘、除之类的计算。

学习目标

- 掌握赋值运算符的使用
- 掌握算术运算符的使用
- 掌握关系运算符的使用
- 掌握逻辑运算符的使用
- 了解 C++中的其他运算符
- 掌握运算符之间的优先级关系

3.1 赋值运算符

所谓赋值运算符，是指将某一个数值，不论是整数、浮点数、字符，还是变量或表达式，指定给某个变量，让这个变量保存这一指定的数值。

C++的赋值运算符是一个等号 "="，但是在 C++中，这个符号不表示 "相等"。它会将符号右侧的数据存放到左侧指定的变量中，使用方法如下：

变量名称 = 数值；

等号的左侧必须是个变量，因为只有变量才能改变其内容，常量是不能更改的。如果企图更改常量的内容，会让程序发生错误。

在等号的右侧可以是一个单纯的数值，一个变量、常量或表达式。C++语言中，这些方式都是合法且可行的，例如：

```
math=69;            //将数值69通过赋值运算符 "=" 保存到变量 math 中
tmp=math;           //将变量 math 的数值，即69，通过赋值运算符 "=" 保存到变量 tmp 中
sum=math+10;        //将变量 math 的数值与10相加，将结果即79保存到变量 sum 中
```

只要使用的变量名称是经过声明建立的，那么这些程序语句就都是安全、正确的。

【例3-1】

利用赋值运算符编写一个简单的程序，并通过这个程序比较变量初始化与未初始化的差异。

程序先将未经初始化的变量内容显示出来,接着指定变量的初始值,并且显示初始化的结果。程序代码如下:

```
01    #include <iostream>
02
03    using namespace std;
04
05    int main()
06    {
07        int result;
08
09        cout<<"变量 result 赋值之前: "<<result<<endl;
10
11        result=100;
12        cout<<"变量 result 赋值之后: "<<result<<endl;
13
14        return 0;
15    }
```

由于变量 result 最初没有赋值就直接使用并进行输出,因此程序运行时会弹出警告对话框,这里直接单击该对话框中的"忽略"按钮,继续运行程序即可。程序运行结果如图 3-1 所示。

对照程序的运行结果,本例的主要代码分析如下:

第 7 行:声明整型类型的变量 result。

第 9 行:利用 cout 显示未经初始化的变量值。

第 11 行:利用赋值运算符"=",指定变量初始值为 100。

第 12 行:利用 cout 显示初始化之后的变量值。

图 3-1　例 3-1 运行结果

程序中使用 cout 显示执行结果,因此必须在程序开头引入 iostream 头文件,这是利用 C++编写应用控制台程序时经常会用到的头文件。

C++并不会为变量进行初始化,因此尚未指定变量初始值时,变量的内容是不可预知的,所以显示的变量值对整个程序而言,是一个没有意义的数值。

当人们为变量指定初始值之后,变量的内容变成指定的数值,不再是没有意义、不可预知的数值。

从例 3-1 中可以了解初始化变量的重要性,以及赋值运算符的使用方法。赋值运算符虽然不起眼,却决定着访问变量的内容,所以赋值运算符"="将会是学习或编写 C++语言时最常见到的运算符之一。

3.2　算术运算符

C++提供的算术运算符的功能不仅包含数学的四则运算,而且包含其他更多功能的运算符,让计算机也可以方便地进行数学计算。

3.2.1　基本算术运算符

算术运算符就是用来进行数学运算的符号,包括数学上的加、减、乘、除运算符号,以及取余运算符号,如表 3-1 所示。

表 3-1   算术运算符

运　算　符	说　　　　明
+	将两个数值相加
-	将两数值相减
*	将两数值相乘
/	将两数值相除
%	计算两数相除后的余数

算术运算符的使用规则和注意如下：

（1）加、减、乘、除等符号的使用方法及规则都与平常人们的使用习惯相同。

（2）进行除法运算"/"和取余运算"%"时，需要注意除数不可以为 0。

（3）两个整数进行除法运算时，结果仍为整数，小数部分会被直接舍弃，而不是四舍五入，如 17/5 的结果为 3。

（4）取余运算符"%"只能对整数进行操作，其结果为两个整数整除的余数，如 17%5 的结果为 2。

（5）若试图对非整数使用取余运算符"%"，则产生语法错误。

【例3-2】

设置 3 个科目，分别是语文、英语与数学，通过算术运算符计算这 3 科的总成绩和平均分数。

程序中需要 5 个变量分别存储语文（chinese）、英语（english）、数学（math）、总分（sum）与平均分数（avg），因此必须声明 5 个变量，供程序存储数据。然后利用加法运算符"+"将 3 科的成绩加起来，成为总分，接着再将总分除以 3，形成 3 科的平均分数。程序代码如下：

```
01    #include <iostream>
02
03    using namespace std;
04
05    int main()
06    {
07        int chinese=69;
08        int english=80;
09        int math=57;
10        int sum;
11        double avg;
12
13        sum=chinese+english+math;
14        avg=(double)sum/3;      //avg=sum/3.0;
15
16        cout<<"总分是"<<sum<<endl;
17        cout<<"平均分是"<<avg<<endl;
18
19        return 0;
20    }
```

程序运行结果如图 3-2 所示。

对照程序的运行结果，本例的主要代码分析如下：

第 7～9 行：声明并初始化 3 个变量，分别存储语文、英语与数学成绩。

第 10、11 行：声明 int 类型的变量 sum，存储总分；double 类型的变量 avg，存储平均分数。

第 13 行：利用加法运算符计算总分，并存储至变量 sum 中。

第 14 行：利用 double 强制转换 sum 的数据类型，然后利用除法运算符计算平均分数，并指定给变量 avg。这里，注释中的语句通过除以 3.0 避免两个整数相除结果舍弃小数位，能够实现同样的效果。

图 3-2　例 3-2 运行结果

第 16、17 行：利用 cout 分别显示计算后的总分与平均分数。

一般来说，成绩大部分都是整型，因此程序中声明 int 类型的变量，分别存储 3 科成绩及总分。可是平均分数为整型的概率却不是很高，绝大多数都会有小数，因此将记录平均分数的变量 avg 设置成 double 类型。请注意和体会第 14 行计算并得到浮点型平均分的语句。

3.2.2　更简洁的语句方式

C++语言中，运算符的程序语法具有灵活性，可以将算术运算符与赋值运算符相结合，形成复合的赋值运算符，让程序设计人员可以拥有更简单的程序设计方式，同时也让程序更为简化、更容易阅读。

其规则可以通过下例说明。例如：

```
Count=Count+1;
```

可以简写为

```
Count+=1;
```

这两行语句的功能完全一样，第二种简写方式的意义就是将 Count 加 1 之后，再将结果存回 Count 中。

这种简洁写法归纳整理后如表 3-2 所示。

其他运算符也可以和赋值运算符进行搭配来实现这种简写，其规则一样。读者将在后面的章节中逐渐接触到这些简写方式，并慢慢习惯阅读和编写这种更简洁的语句。

表 3-2　简写指定运算符的表示方式

传统的写法	简写的方式	功能说明
x=x+1	x+=1	把 x 值加 1，再存入 x
x=x-1	x-=1	把 x 值减 1，再存入 x
x=x*2	x*=2	把 x 值乘 2，再存入 x
x=x/2	x/=2	把 x 值除以 2，再存入 x
x=x%2	x%=2	把 x 值除以 2 求余数，再存入 x

3.2.3　自增自减运算符

有另一种专门针对变量递增 1 或变量递减 1 的程序语句方式，分别被称为自增运算符 "++" 和自减运算符 "--"。

自增自减运算符与变量写在一起，其作用是另变量的值增加 1 或减少 1。例如：

```
count++;
```

或

```
++count;
```

这两条语句都相当于"count=count+1;"，其作用是让变量 count 的值增加 1。

自减运算符"--"同理。

若像上面的语句一样，仅仅是让变量自己的值变化 1，那么运算符写在前面还是后面是没有区别的。但是，当语句变得复杂，还包含其他操作时，自增自减运算符的位置就有不同的意义了。

其规则是：

（1）若符号在前，则先处理变量自己变化 1，然后将变化后的值带入剩下的操作中去使用。

（2）若符号在后，则先用变量当前值带入其他操作使用，都处理完后执行变量自己的变化。

例如，假设目前变量 num 的值为 3：

cout<<++num;

在这一行程序中，由于"++"在 num 前面，因此会先执行"++num"，相当于"num=num+1"，num 的值从 3 变成 4，然后才执行 cout 语句，此时将输出数值 4。

若回到最初，num 的值为 3，而将语句换成：

cout<<num++;

则这一行程序语句中，由于"++"在 num 后面，因此会先忽略"++"，先执行 cout 语句，也就是先在屏幕上显示目前 num 的值 3，然后才将 num 加 1。这条语句执行完毕后，屏幕上显示 3，变量 num 的内存空间里数值变成 4。

"++"与"--"是许多初学 C++语言者经常容易搞混的程序语法，而这两种程序语法却是 C++语言中随处可见的，因此弄懂这种语法是绝对必要的。

【例3-3】

自增自减运算符的使用。

本例将自增自减运算符与赋值、输出功能进行混合，通过输出结果表现出符号放在变量前后的区别，请仔细分析程序，思考并观察程序运行结果。程序代码如下：

```
01  #include <iostream>
02
03  using namespace std;
04
05  int main()
06  {
07      int m=5,n=10,j=20,k=30;
08      int x,y;
09
10      cout<<"输出 m++的结果是: "<<m++<<endl;
11      cout<<"当前 m 的值是: "<<m<<endl;
12      cout<<"输出--n 的结果是: "<<--n<<endl;
13      cout<<"当前 n 的值是: "<<n<<endl;
14
15      x=++j;
16      y=k--;
17      cout<<"当前 x 的值是"<<x<<",当前 j 的值是"<<j<<endl;
18      cout<<"当前 y 的值是"<<y<<",当前 k 的值是"<<k<<endl;
19
20      return 0;
21  }
```

程序运行结果如图 3-3 所示。

对照程序的运行结果，本例的主要代码分析如下：

第 7 行：声明并初始化赋值 4 个变量。

第 8 行：声明 2 个变量，没有赋值，备用。

第 10 行：将 m++放在 cout 输出语句中。由于"++"在变量之后，因此先忽略自增，将当前 m 的值 5 放在 cout 中进行输出并换行，屏幕上显示 5。最后再实现"++"的作用，将 m 的值自增变为 6。

图 3-3　例 3-3 运行结果

第 11 行：输出此时的变量 m，可以看到在上一行的输出之后，m 的值确实变成 6。

第 12 行：将--n 放在 cout 输出语句中。由于"--"在变量之前，因此先处理它，n 的值从 10 变成 9。然后将变化后的值放到当前语句中使用，屏幕上显示 9。

第 13 行：当前的变量 n 的值为 9。

第 15 行：既有"++"，又有赋值。由于"++"在变量 j 前，因此先自增，j 变成 21，再赋值，x 的值也是 21。

第 16 行：由于"--"在变量 k 后，因此先将当前 k 的值 30 赋给 y，然后 k 自己再自减，变成 29。

第 17、18 行：输出几个变量的值，验证上述操作过程。

自增自减运算符非常常用，最初容易混淆，人们应多加练习、用心分析，很快就可以掌握其用法。

3.3　关系运算符

平常人们经常使用等于、不等于、大于、小于之类的用语，比较两个或以上的条件，而这些等于、大于之类的用语在程序语言中称为关系运算符。

表 3-3 为 C++中使用的关系运算符。

表 3-3　关系运算符

运　算　符	说　　　明
>	大于
<	小于
==	等于
!=	不等于
>=	大于等于
<=	小于等于

这些关系运算符与数学运算的符号十分类似，使用方法也很相似，但是请务必注意：在 C++中，等于运算符"=="与赋值运算符"="的意义完全不同的。等于运算符"=="是比较两个数值是否相等，而赋值运算符是将某个数值保存到指定的变量。读者应该明确地区分两者的差异。

如果原本应该使用"=="的语句，误用成"="，则编译器不会将它视为错误，因为两者都是 C++合法的运算符，因此在编写代码时一定要小心谨慎。

关系运算符通常用来比较两个条件，比较的结果如果是真，就返回 true；否则就返回 false。在第 2 章中曾经介绍过，布尔类型就是用来描述真假值的数据类型。实际上，关系运算符的比较结果就是布尔类型数据，因此可以将关系运算符的比较结果进行输出，如果是真，则输出 1，否则输出 0。

【例3-4】

比较运算符的简单使用和结果输出。

程序代码如下：

```
01  #include <iostream>
02
03  using namespace std;
04
05  int main()
06  {
07      int a=10;
08
09      cout<<"a>5 的比较结果是"<<(a>5)<<endl;
10
11      bool result ;
12      result=(a==9);
13      cout<<"a==9 的比较结果是"<<result<<endl;
14
15      return 0;
16  }
```

程序运行结果如图 3-4 所示。

对照程序的运行结果，本例的主要代码分析如下：

第 7 行：声明整型变量 a，并初始化赋值为 10。

第 9 行：在 cout 输出语句中输出（a>5）这一关系运算的结果，因为成立为真，因此这里会输出 1。

图 3-4 例 3-4 运行结果

第 11 行：声明 bool 布尔类型变量 result。

第 12 行：赋值运算符"="的右侧是关系运算表达式"a==9"，左侧是变量 result。含义为将"a 与 9 相等"这一比较结果赋值给布尔变量 result。因为相等关系不成立，因此右侧为假，将 0 保存给 result。

第 13 行：输出 result 的值，显示 0。

关系运算符通常与流程控制语句结合在一起使用，将在下一章介绍其具体的应用。

3.4 逻辑运算符

人们用来综合判断条件的并且、或等用语，在程序语言的领域中统称为逻辑运算符。

在程序语言中，要做到同时判断多个条件的方法，可以利用逻辑运算符集成多个条件。表 3-4 为 C++语言的逻辑运算符。

表 3-4 逻辑运算符

运　算　符	说　　明
!	逻辑非
&&	逻辑与
‖	逻辑或

逻辑运算符的相关说明：

（1）"!"运算符表示逻辑非，也就是将逻辑值取反，非真则结果为假，非假则结果为真。

（2）"&&"运算符表示逻辑与，在逻辑判断时，仅当左右两个条件都成立结果才会返回 true，只要有任一条件不成立结果就会返回 false。

（3）"||"运算符表示逻辑或，在逻辑判断时，只要左右两个条件中有任何一个成立，结果就会返回 true，只有在两个条件都不成立时结果才会返回 false。

逻辑运算符的运算规则如表 3-5 所示。

表 3-5　逻辑运算符运算规则

操作数 A	操作数 B	A&&B	A||B	!A	!B
false	false	false	false	true	true
false	true	false	true	true	false
true	false	false	true	false	true
true	true	true	true	false	false

逻辑运算符通常与程序流程控制语法搭配使用，让单一的控制语法能够同时比较多个条件。这里先看一个逻辑运算符、关系运算符混合使用描述条件的例子，其中使用到的条件判断语句将在下一章具体介绍。

【例3-5】

输入一个成绩，利用关系运算符和逻辑运算符对输入的数据进行判断。

若输入的成绩不在 0～100 之间，则不是一个有效的百分制成绩，程序进行提示并结束运行。否则判断成绩是否及格并输出结果。程序代码如下：

```
01   #include <iostream>
02
03   using namespace std;
04
05   int main()
06   {
07
08     int score;
09
10     cout<<"请输入一个百分制成绩:";
11     cin>>score;
12
13     if(score<0||score>100)
14     {
15       cout<<"您输入的不是一个百分制成绩。\n";
16     }
17     else if(score<60)
18     {
19       cout<<"成绩不及格。\n";
20     }
21     else
22     {
23       cout<< "成绩及格!\n";
24     }
```

```
25      return 0;
26
27  }
```

输入不同数据得到不同的运行结果，如图 3-5 所示。

根据题意，需要对用户输入的数据进行判断。本例的主要代码分析如下：

第 13 行：如果输入的成绩小于 0 或者大于 100，则不是一个有效的百分制成绩。这里混合使用了关系运算符"<"、">"和逻辑运算符"||"。

第 13、17、21 行：if、else 等关键字组成选择条件语句，根据条件判断结果对程序运行流程进行控制，具体内容将在下一章详细介绍。

（a）输入 120 得到的运行结果　　　　　　　　　（c）输入 50 得到的运行结果

（c）输入 80 得到的运行结果

图 3-5　例 3-5 中输入不同数据得到不同的运行结果

3.5　其他运算符

C++中的运算符，除了上述介绍的赋值运算符、算术运算符、关系运算符、逻辑运算符外，还有一些经常使用的其他运算符。

3.5.1　条件运算符

条件运算符是 C++中唯一一个需要 3 个操作数的运算符，其功能相当于一个简易的 if…else 条件语句其语法格式如下：

<表达式 1 >?<表达式 2 >:<表达式 3 >

上述语法代表的意为：当<表达式 1 >条件为真时，则进行<表达式 2 >；否则，进行<表达式 3。下面举一个简单的例子：

```
a<b?min=a:min=b;
cout<<min;
```

这一段程序代码主要的功能是找出变量 a、b 之间的最小值。<表达式 1 >为 a < b，当 a 小于 b 时，则指定把变量 a 内容存入变量 min 中；当 a 大于或等于 b 时，则把 b 存入 min 中。

3.5.2　逗号运算符

逗号运算符通常用在 for 和 while 循环中。人们使用 for 循环较多，其范例如下：

```
for(int i=0;i<10;i++)
{
  //程序内容;
}
```

有关循环详细的使用方法将在后面章节中详细介绍。请读者注意 for 后面括号内的变量只有一个 i，对 C++而言，这方面是不限制的，可以写成以下的程序：

```
for(int i=0,int j=10;i<10;i++,j--)
{
  //程序内容;
}
```

这时又多了一个变量 j，它是利用逗号把变量 i 和 j 分隔开，人们称之为逗号运算符。

3.5.3　求字节数运算符

利用 sizeof 运算符可以算出变量所占用的空间（字节数）。它有两种使用方式，一种是使用 sizeof(类型名称)，例如：

```
cout<<sizeof(int)<<endl;              //求出整数类型所占的大小
cout<<sizeof(char)<<endl;             //求出字符型所占的大小
cout<<sizeof(unsigned int)<<endl;     //求出无符号整数所占的大小
cout<<sizeof(long)<<endl;             //求出 long 类型所占的大小
cout<<sizeof(double)<<endl;           //求出 double 类型所占的大小
cout<<sizeof(float)<<endl;            //求出 float 类型所占的大小
```

另一种方式是使用 sizeof(表达式)，例如：

```
cout<<sizeof(999.11);
```

此式子可求出常量 999.11 所占的空间大小。

3.6　运算符的优先级

程序语言中的运算符有一定的优先级，这个顺序决定了运算的结果，因此人们有必要好好地研究这个规则。C++语言中，运算符的优先级如表 3-6 所示。

表 3-6　运算符优先级

运　算　符	说　　　明	优先级关系
()、[]	括号	高
!、+、-、++、--	其中 "+" 与 "-" 是正负符号	
*、/、%	乘、除、取余运算符号	
+、-	加减运算符号	
>、<、<=、>=	关系运算符	
==、!=	等于、不等于	
&&	逻辑与运算符	
||	逻辑或运算符	
=、*=、/=、%=、+=、-=	含有赋值运算符的指令	低

运算符可以帮助人们很快地编写出想要的程序，因此利用运算符编写程序时，务必留意这些运算符的优先级，降低程序发生错误的概率。

小　结

本章介绍了 C++中有关运算符的相关知识，主要内容如下：

- "="是赋值运算符，将等号右侧的数据或表达式的值赋值给左侧的变量。
- "="赋值运算符的左侧只能写变量，不能写常量。
- "=="是关系运算符，用来描述相等关系，若成立则结果为真，输出时显示 1；若不成立则结果为假，输出时显示 0。
- "%"用来计算两个整数相除得到的余数，不可以对浮点数或其他类型的数据进行计算。
- "++"、"--"自增自减运算符让变量自身的值变化 1，注意变化后的值会重新保存到变量中。
- 两个整数相除，结果仍为整数，小数位会被直接舍去，不进行四舍五入。
- "++"和"--"位于变量前时，变量先处理自身变化，然后将新值带到当前语句里使用处理其他操作；位于变量后时，则先忽略，使用变量当前值处理语句中的各操作，当前语句处理完后，再让变量自身的值变化。
- 逻辑与"&&"只有在左右两个表达式都成立的情况下结果才为真。
- 逻辑或"||"只要左右表达式有任何一个是成立的，结果就为真。
- 关系运算符和逻辑运算符经常混用，来描述复杂的条件，结合选择或循环结构语句控制程序的运行流程。
- 编写程序时要注意运算符的优先级，但不必死记硬背，大部分优先级和数学中的使用及日常生活中的逻辑是一致的，只要勤于练习，在无形中就可以掌握。

上 机 实 验

1. 编写程序，计算如下表达式的值，将结果输出。

（1）3.5+1/2+56%10。

（2）3.5+1.0/2+56%10。

（3）int a=4%3*7+1。

2. 思考下列语句执行后变量 a、b、c、d 的值分别是多少。

```
int a=5,b=8,c,d;
c=(a++)*b;
d=(++a)*b;
```

3. 参考例 3-5，编写程序，输入英语成绩和数学成绩，对及格情况进行判断，输出结果。例如，"两门课程都及格""英语成绩及格而数学没过"等。

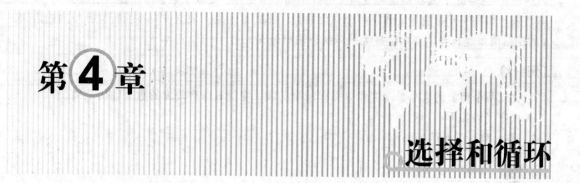

第④章

选择和循环

在程序中人们要编写实现具体功能的大量语句，不同的语句能够控制程序运行时不同的执行流程，本章将介绍如何利用 if 语句等选择结构来执行判断，如何使用 for 语句、while 语句及 do 语句来设计循环，以及如何从选择和循环中中断或退出，以免陷入无限循环中。

学习目标

- 理解选择结构和循环结构
- 掌握 if...else 选择结构语句的使用
- 掌握 switch 多选择结构语句的使用
- 掌握 while 循环语句的使用
- 掌握 do...while 循环语句的使用
- 掌握 for 循环语句的使用
- 掌握 break 和 continue 的使用和异同

4.1   if 选择结构语句

第 3 章中曾经使用 if 语句对用户输入的成绩进行判断，以选择输出不同的结果。C++中的 if 语句能够让计算机具有选择的能力，if 语句又分为单分支、双分支和多分支这 3 种基本形式。

4.1.1   单分支选择结构

单分支选择结构是 if 语句中最简单也最常用的一种形式，语法结构如下：

```
if(条件表达式)
{
    语句；
}
```

当条件表达式的值为真时，则执行大括号内的语句；否则会绕过大括号，执行 if 语句后面的程序。例如：

```
if(a<0)
{
    a=-a;
}
cout<<"a 的绝对值是"<<a<<endl;
```

这段程序的作用是输出变量 a 的绝对值。当变量是负数，即小于 0 时，执行 if 语句的大括号内的语句 "a=-a;"，其功能是将变量 a 的数据加一个负号，变成正数，再保存回给变量 a，最后输出结果。如果一开始变量 a 就是一个非负的数，那么 if 条件不成立，则不执行大括号内的语句，a 的绝对值就是自身，直接绕过大括号执行输出语句。

【例4-1】

比较两个整数的大小，令变量 a 保存较小的数，变量 b 保存较大的数，输出结果。

程序代码如下：

```
01   #include <iostream>
02
03   using namespace std;
04
05   int main()
06   {
07       int a,b;
08       cout<<"请输入两个整数"<<endl;
09       cin>>a>>b;
10       if(a>b)
11       {
12           int c;
13           c=a;
14           a=b;
15           b=c;
16       }
17       cout<<"较小值是"<<a<<"较大值是"<<b<<endl;
18       return 0;
19
20   }
```

程序运行结果如图 4-1 所示。该程序总会先输出较小值，再输出较大值。

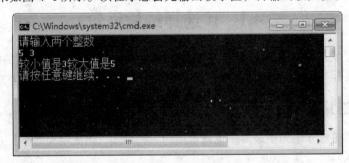

图 4-1　例 4-1 运行结果

其实可以找到更简单的方法来实现先输出较小值，再输出较大值这一目的，但本例主要是为了体现单分支选择结构的使用，同时带领大家学习通过赋值语句交换两个变量的值。主要的代码分析如下：

第 9 行：读入两个整数到变量 a 和 b 中。

第 10 行：如果变量 a 的值大于变量 b 的值，则执行大括号内的语句块。

第 12 行：声明变量 c，用来帮助实现 a 和 b 的交换。

第 13～15 行：将变量 a 的值和变量 b 的值互换，这里使用变量 c 用来作为临时存储区，用来保存变量 a 的值，以防将变量 b 的值指定给变量 a 时，a 原来的值被覆盖。

第 18 行：输出 a 和 b。

本例中，如果用户输入的数据使得变量 a 本身就保存的是较小数，则 if 条件不成立，不执行大括号内的语句，直接执行最后的输出，与题意仍保持一致。

4.1.2　双分支选择结构

if 语法的另一种结构——if...else 语句，该语句用来描述"是与否"两种情况，分别执行不同内容的双分支选择结构。if...else 的语法结构如下：

```
if(条件表达式)
{
    语句 1;
}
else
{
    语句 2;
}
```

程序执行流程为：先执行条件表达式，如果它为真，则执行语句 1；否则，执行语句 2。

【例4-2】

双分支选择结构语句的使用。

本例先在一个变量中存储默认的密码，然后从屏幕中获取一个输入数值，如果输入的数据等于默认的密码，那么表示密码输入正确，因此显示用户密码输入正确的信息；否则，显示密码输入错误的信息。程序代码如下：

```
01  #include <iostream>
02
03  using namespace std;
04
05  int main()
06  {
07      int pass_word=5;
08      int guess;
09
10      cout<<"请输入 0-9 之间的一个数：";
11      cin>>guess;
12
13      if(guess==pass_word)
14      {
15          cout<<"输入正确，密码是5!!\n";
16      }
17      else
18      {
19          cout<<"您输入的密码不正确!!\n";
20      }
21
22  }
```

输入不同数据得到不同的运行结果，如图 4-2 所示。

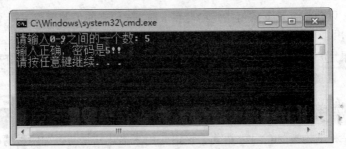

（a）输入 5 得到的运行结果

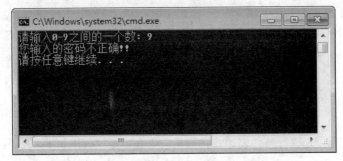

（b）输入 9 得到的运行结果

图 4-2　例 4-2 中输入不同数据得到不同的运行结果

本例的主要代码分析如下：

第 7 行：定义变量 pass_word，并设置其初始值为 5，作为默认的答案。

第 8 行：声明变量 guess 用来存储用户输入的数值。

第 10 行：在屏幕上显示信息要求用户输入 0～9 的数值。

第 11 行：读进数值并存储给变量 guess。

第 13～20 行：比较 guess 的值与 pass_word，根据比较结果分别输出不同的信息。

在大多数的应用程序中，如电子商务网站，密码常常是先从客户端获取，然后把它存储在一个文件中，设置为该用户的密码，这样，当用户下一次浏览该网站时，使用的就是先前所设置的密码，而且设置的密码通常不会只有一位数字，本例只是简单的模拟，等学习更多的内容后，就可以设置更加复杂的密码了。

4.1.3　多分支选择结构

第 3 章中曾经对用户输入的成绩进行多种情况的判断，当时使用的就是 if…else 多分支选择结构语句。

if…else 多分支选择结构语法在判断情况多样时会常常碰到，它为处理复杂的条件问题提供了依据和保障。

if…else 多分支选择结构语句其实是一种嵌套的条件选择结构，它是一种在 if 语句的 else 子句中再包含 if 语句的多层分段选择。所以，它可以视为一种嵌套的 if 语句，也可以看做 if 语句的一种特殊结构。其语法结构如下：

```
if(条件表达式1)
{
    语句1;
}
else if(条件表达式2)
```

```
    {
       语句 2;
    }
    else if(条件表达式 3)
    {
       语句 3;
    }
    ...
```

在上面的语法结构中，可以只包含一个 else if 语句，也可以包含多个 else if 语句，这种使用方式让它变得非常灵活。

【例4-3】

多分支选择结构语句的使用。

本例先获取用户输入的 1～12 之间的数值，然后将输入的数字值转换成英文的月份，并显示在屏幕上。这个程序虽然用了 11 个 else if 子句，但是，它的每个分支原理却是一样的。程序代码如下：

```cpp
01  #include <iostream>
02
03  using namespace std;
04
05  int main()
06  {
07     int month;
08
09     cout<<"请输入一个月份:";
10     cin>>month;
11
12     if(month==1)
13     {
14         cout<<endl<<"January";
15     }
16     else if(month==2)
17     {
18         cout<<endl<<"February";
19     }
20     else if(month==3)
21     {
22         cout<<endl<<"March";
23     }
24     else if(month==4)
25     {
26         cout<<endl<<"April";
27     }
28     else if(month==5)
29     {
30         cout<<endl<<"May";
31     }
32     else if(month==6)
33     {
34         cout<<endl<<"June";
```

```
35        }
36        else if(month==7)
37        {
38             cout<<endl<<"July";
39        }
40        else if(month==8)
41        {
42             cout<<endl<<"August";
43        }
44        else if(month==9)
45        {
46             cout<<endl<<"September";
47        }
48        else if(month==10)
49        {
50             cout<<endl<<"October";
51        }
52        else if(month==11)
53        {
54             cout<<endl<<"November";
55        }
56        else if(month==12)
57        {
58             cout<<endl<<"December";
59        }
60        else
61        {
62             cout<<endl<<"不是正确月份数!";
63        }
64   }
```

输入不同数据得到的运行结果不同，如图 4-3 所示。

本例的主要代码分析如下：

第 7 行：声明 int 类型变量 month 存储月份信息。

第 10 行：保存用户输入的数值。

第 12～15 行：如果变量 month 等于 1，则显示 January。

第 60～63 行：如果输入的数值不是 1～12 之间的整数，则显示"不是正确月份数!"。

通过这个范例，读者将充分了解嵌套 if 语句的使用精华。

if...else 语句的 3 种基本结构在编写程序时会大量使用到，有一些语法要点需要注意：

（1）条件要用小括号括起来。

（2）小括号内必须是 boolean 类型表达式或数据。

（3）小括号后不要乱加分号。

（4）执行语句为多条时要使用大括号把这一系列语句括起来。

（5）else 必须和 if 搭配使用。

（6）多分支结构要注意 if...else 的配对，建议执行语句均用大括号括起来。

（7）多分支结构各个条件判断之间要注意情况的完整性。

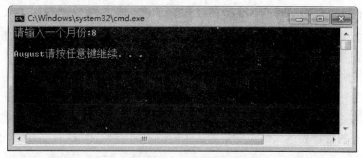

（a）输入 8 得到的运行结果

（b）输入 15 得到的运行结果

图 4-3 例 4-3 中输入不同数据得到不同的运行结果

4.2 switch 语句

当问题变得复杂时，if...else 多分支语句不但让程序变得冗长，同时也相对变得复杂。switch 语句可以用更简单的方式处理和 if 语句同样的条件选择，在很多可以使用 if 语法的场合都可以利用 switch 语法代替，让一些复杂的问题变得明白易懂，而且使用 switch 语法还能增加程序的可读性，让程序结构清晰严谨。

switch 语句的语法结构如下：

```
switch(变量表达式)
  case 常量表达式 1:
  {
    语句 1;
    break;
  }
  case 常量表达式 2:
  {
    语句 2;
    break;
  }
  …
  default:
  {
    语句 n+1;
    break;
  }
```

switch 语句的相关说明如下：

（1）变量表达式必须在执行 switch 语句之前确定，它可以是变量或表达式。

（2）常量表达式是确定的数字、字符、字符串或表达式。

（3）可以有多个 case 语句分支，case 中的值必须是整型或字符型常量，且互不相同。

（4）多个 case 要执行相同的操作，可共用一组语句。

（5）程序执行时，首先得到变量表达式的值，再依次判断它与哪一个 case 分支的常量表达式相等，就从该分支开始执行其后的语句，直到一直向下所有的语句执行完毕，或遇到 break 为止。

（6）通常 case 和 break 搭配使用，以结束该分支下语句的执行，避免和其他分支混淆。

（7）如果所有的常量表达式都和变量表达式的值不同，那么则执行 default 分支下的语句。

【例4-4】

switch 多分支选择结构语句的使用。

本例先获取输入数据，然后根据输入的数据做出反应。如果输入的是 y 或 Y，则显示 Yes；如果输入的是 n 或 N，则显示 No，如果是其他的字符，则显示 Unknown。程序代码如下：

```
01  #include <iostream>
02
03  using namespace std;
04
05  int main()
06  {
07      char ch=0;
08
09      cout<<"Enter a character(y/n): ";
10      cin>>ch;
11
12      switch(ch)
13      {
14      case 'y':
15      case 'Y':
16          {
17              cout<<"Yes !!\n";
18              break;
19          }
20      case 'n':
21      case 'N':
22          {
23              cout<<"No !!\n";
24              break;
25          }
26      default:
27          {
28              cout<<"Unknown!!\n";
29              break;
30          }
31      }
32      return 0;
33  }
```

输入不同的字符得到不同的运行结果，如图 4-4 所示。

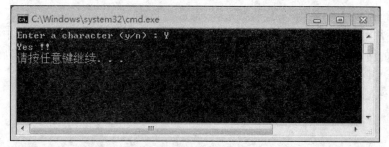

（a）输入 Y 得到的运行结果

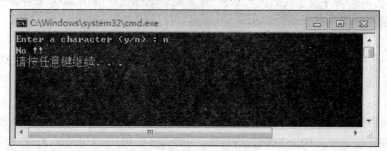

（b）输入 n 得到的运行结果

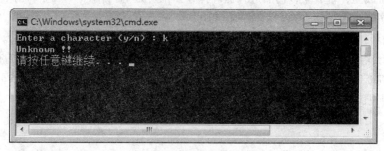

（c）输入 k 得到的运行结果

图 4-4　例 4-4 中输入不同字符得到不同的运行结果

本例的主要代码分析如下：

第 7 行：定义 char 类型变量 ch，作为存储用户输入的字符。

第 9 行：在屏幕上显示信息，要求用户输入一个字符。

第 10 行：捕捉用户输入的字符。

第 12～31 行：若变量 ch 的值与 y 或 Y 一样，则显示 Yes；若与 n 或 N 一样，则显示 No；若是其他字符则显示 Unknown。

本例展示了如何使用 switch 语法来处理选择问题，在此必须提醒读者，子句中的 break 关键字不能省略，否则将会在执行正确的语句组之后，继续向下一并执行 default 语句，而让程序发生错误。读者可以删除例 4-4 中某一子句中的 break 关键字来查看执行结果，可以看到程序中已经执行了 default 语句。

4.3　while 循环

当要求符合一定条件并进行系列操作的循环处理时，可以使用 while 循环。（当然，也可以使用后面将要学到的 do...while 循环，关于 do...while 循环的用法及 do...while 循环和 while 循环的区别将在 4.4 节中阐述。)

while 循环常用在一些循环次数不能确定的情况,它通常要在程序的执行过程中根据一些逻辑条件来确定它的循环次数。所以在它的结构中,首先应该进行判断,然后根据判断的结果来决定是否执行循环。其语法结构如下:

```
while(条件表达式)
{
    循环体;
}
```

while 循环将根据条件表达式的执行结果,决定是否继续执行语句。如果条件表达式的值为真,则执行循环内的程序语句;否则,将执行 while 循环体后的语句。例如:

```
int i=0;
while(i<10)
{
    i++;
}
```

有变量 i 初值为 0,此 while 循环语句的作用是当变量 i 小于 10 时,使它的值递增 1,它的执行流程为:如果变量 i 小于 10,那么将执行循环内的程序语句,i 的值增加 1,然后再次判断 while 循环的条件是否成立,若成立,仍然进入循环体;如果变量 i 小于 10 不成立,则不执行循环内的程序语句,程序绕过循环体去执行后面的语句。

当 while 循环执行完毕之后,变量 i 的值将为 10。

循环的执行次数将直接取决于变量 i 的初始值。读者可以思考一下,如果 i 的初值为 15,则条件在第一次判断时就不成立,循环根本不会被执行;如果 i 的初值为 5,则从 5 开始执行循环,不断递增,直到循环结束时变量 i 变成 10,循环总共执行 5 次。

【例4-5】

使用 while 循环计算 5 的阶乘。

5 的阶乘即 1 到 5 之间所有整数的连乘。本例用一个 while 循环来设计,当变量 e 不大于 5 时,执行循环内的语句,每执行一次循环,就执行一次连乘的操作,结果保存在变量 result 中,当变量 i 大于 5,就完成 1~5 的连乘计算,输出结果并退出循环。程序代码如下:

```
01  #include <iostream>
02
03  using namespace std;
04
05  int main()
06  {
07      int result=1;
08      int e=1;
09
10      while(e<=5)
11      {
12
13          result*=e;   //result=result*e;
14          e++;
15
16      }
17      cout<<"1*2*3*4*5 = "<<result<< endl;
```

```
18
19    return 0;
20 }
```

程序运行结果如图 4-5 所示。

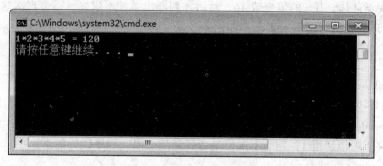

图 4-5　例 4-5 运行结果

本例的主要代码分析如下：

第 7 行：声明 int 数据类型的变量 result，并设其初值为 1。

第 8 行：声明 int 类型的变量 e，并设其初值为 1。

第 10～16 行：while 循环，判断若变量 e 比 5 小则执行循环内的语句，result 每次均乘以 e，e 每次增加 1，然后回到条件再次判断。当循环结束时，result 即为所求的 5 的阶乘。

第 17 行：输出结果。

通过这个程序，人们可以了解到 while 循环的用法，只要弄清它的结构及它是如何运行的，就会发现它的使用范围相当广泛。事实上，所有的循环过程几乎都可以通过 while 循环来解决。

4.4　do…while 循环

do…while 循环的使用时机与 while 大致相同，凡是能使用 while 语法的地方，大多可以使用 do…while 循环，在 C++中引入 do…while 语法并不是为了增加 C++的功能，只是使它的表现方式更加丰富多样。

不过，do…while 循环和 while 循环并非完全没有区别。它们的区别主要表现在最低执行次数上，while 循环中如果第一次判断时不满足条件，它可以一次也不执行循环，直接离开循环；而 do…while 循环语句不管一开始条件是否成立，至少执行一次循环内的程序。

while 循环与 do…while 循环最大的区别是：while 语句是先判断后执行；而 do 语句是先执行后判断。其语法结构如下：

```
do
{
  循环体;
}while(条件表达式);
```

do…while 语句的执行流程如下：先执行循环内的程序语句，然后再执行条件表达式，如果其值为真，则继续执行循环内的语句；如果其值为假，则执行 do…while 循环之后的程序。例如：

```
do
{
  i++;
}while(i<10);
```

此代码与上一节所讲的 while 代码片段看起来相同，事实上，若变量 i 的初始值为 1，或其他小于 10 的数，则这两段代码的执行结果完全相同；但是如果变量 i 在执行循环之前的值大于或等于 10 时，执行结果就会完全不一样。

例如，如果变量 i 的初值为 15，上一节的 while 循环一次都不执行，而这里的 do…while 循环则会先执行一次循环体，让 i 的值变成 16，然后才判断出条件不成立，不会再次执行循环体。此时 do…while 循环已经执行了一次。

【例4-6】

使用 do…while 循环输出 100～110 之间连续 11 个整数值。

本例先分别声明了两个变量，一个用来存储当前的下限值 100，一个用来存储上限值 110。然后用一个 do…while 循环来执行显示的全部的执行过程，每执行一次循环，就将当前的下限值输出，然后立即将下限值递增 1，判断下限值是否已到达上限。程序代码如下：

```
01   #include <iostream>
02
03   using namespace std;
04
05   int main()
06   {
07       int cur_val=100;
08       int up_val=110;
09
10       do
11       {
12           cout<<cur_val<<" ";
13           cur_val++;
14
15       }while(cur_val<=up_val);
16       cout<<endl;
17       return 0;
18   }
```

程序运行结果如图 4-6 所示。

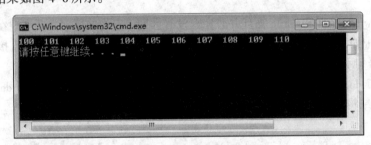

图 4-6   例 4-6 运行结果

本例的主要代码分析如下：

第 7 行：声明 int 类型变量 cur_val 为目前想要输出的数值，并设置其初始值下限为 100。

第 8 行：声明 int 类型变量 up_val 为目前想要输出数值的上限，并赋值为 110。

第 10～15 行：do…while 循环，首先输出 cur_val 的值，输出之后便把 cur_val 的值加 1，最后比较 cur_val 与 up_val，若 cur_val 大于 up_val，则结束循环。

do…while 循环的使用方法与 while 循环相似，最好把它们连贯起来，仔细比较两者之间的异同，这样才能起到事半功倍的效果。

4.5　for 循环

for 循环用在已经事先知道循环次数的情况下。在不知道循环次数时，通常使用 while 和 do...while 循环。

循环可以使一些看起来非常复杂的问题简单化，在众多循环语法中，for 循环显得格外简单和易于阅读，所以它也是最常用的循环方式之一。for 循环的语法结构如下：

```
for(初始值;结束条件;增值)
{
    循环体;
}
```

在括号内的初始值应该是一个变量或是一个可以确定的表达式，因为只有在初始值可以确定的情况下才能利用它进行结束条件的判断，确定是否执行当前的 for 循环。

结束条件则应是一个条件表达式，如果其值为真，则执行循环体内的程序块；如果其值为假，则执行 for 循环后的语句。

增值也应是一个表达式，它必须能使初始值有向结束条件变化的倾向。也就是说，增值将改变初始值，以使结束条件成立。如下是一个正确的 for 循环语句：

```
for(int i=1;i<=10;i++)
{
    int sum=0;
    sum+=i;
    cout<<"The sum is"<<sum<<endl;
}
```

这个 for 循环程序语句计算 1～10 之间所有整数的和，并且显示计算后的结果。请注意循环执行的流程和执行的次数。

在使用 for 循环时应注意，在括号中的语句的间隔是用分号而不是逗号，前面介绍过，"分号"是语句结束的标志，但是在这里（用来分隔括号里面的因子）是一个特例。如果把括号里面也看做一个一个的语句，那么分号也可以看做程序语句结束的标志，只不过结束的不是 for 语句，而是括号内的语句。

【例4-7】

使用 for 循环计算 1～100 的累加和。

本例先声明一个 int 型的变量 i 用来作为计数器，然后利用 for 循环累加 100 个整数的值，把它们的结果放在 int 类型的 sum 中输出。程序代码如下：

```
01  #include <iostream>
02
03  using namespace std;
04
05  int main()
06  {
07      int sum=0;
08
09      for(int i=1;i<=100;i++)
10      {
11          sum+=i;
12      }
```

```
13      cout<<"Sum = "<<sum<<endl;
14
15      return 0;
16  }
```
程序运行结果如图 4-7 所示。

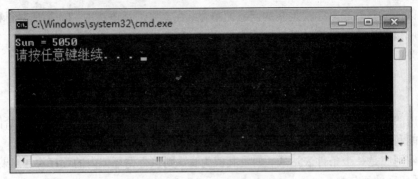

图 4-7　例 4-7 运行结果

本例的主要代码分析如下：

第 7 行：声明 int 类型变量 sum，并设置 sum 的初始值为 0。

第 9～12 行：for 循环，此程序的主要部分。声明变量 i 作为累加的计数器，当 i 小于 100 时结束循环。而 i 每次增加 1，sum 和 i 相加。当循环结束时，即为所求。

第 13 行：输出结果。

本例介绍了 for 循环的结构和用法，因此，只要弄清楚 for 循环的程序执行流程，也就掌握了 for 循环的精华。同时，在使用 for 循环时应该注意一些细节问题，例如，在括号内是分号、for 循环的执行次数等。

循环结构语句使用时应注意以下几点：

（1）条件要用小括号括起来，小括号后不要随便加分号。

（2）while 与 do...while 语句不要忘记变量赋初值、循环体内要有影响条件变化的语句。

（3）for 循环语句小括号内有时根据情况可省略某些部分，如变量在前面使用赋值语句已赋好初值，则小括号内第一部分可省略。但注意两个分号无论何时都必须要写。

（4）循环体为多条语句时要用大括号将它们括起来形成复合语句。

4.6　break 语句和 continue 语句

在循环语句中经常使用 break 和 continue 语句，用这两个关键字加上分号就构成执行语句。当需要在程序执行过程中达到某种状况的条件下终止当前条件分支和循环时，这两个语句就会发挥它们的效用。

4.6.1　break 语句的使用

break 语句是转向语句中最常用的一种，也是最基本的一种方式。break 语法可以退出循环或者 switch 条件分支。上一节中已经见到 break 在 switch 选择分支中的应用。在循环中，break 语句用来结束当前循环体的执行，把控制转移到循环体外下一个可执行语句。

【例4-8】

break 语句在循环中的应用。

本例先用一个能进行无穷循环的 for 循环语句，然后通过捕捉用户输入的数据来做出判断，配合 break 语句退出循环。当用户输入其他数值时，程序将显示这个数字，只有输入数值为 0 时，程序才能结束。程序代码如下：

```
01   #include <iostream>
02
03   using namespace std;
04
05   int main()
06   {
07       int num;
08
09       for(;;)
10       {
11
12           cout<<"请输入一个数字:";
13           cin>>num;
14
15           if(num==0)
16           {
17
18               cout<<"程序运行结束!";
19               break;
20
21           }
22           cout<<"您输入的数字是"<<num<<endl;
23
24       }
25
26       return 0;
27   }
```

程序运行结果如图 4-8 所示。

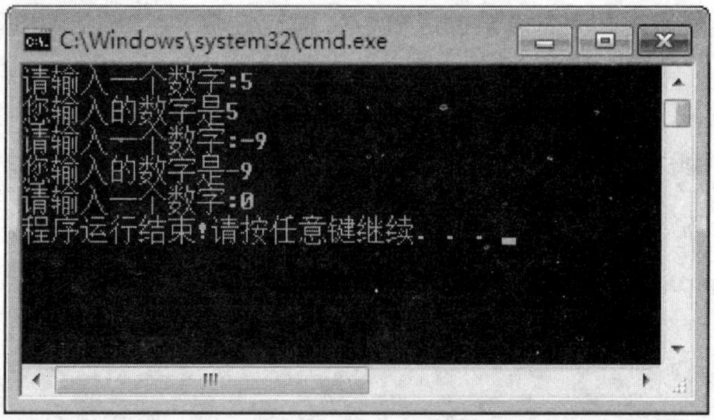

图 4-8　例 4-8 运行结果

本例的主要代码分析如下：

第 7 行：声明 int 类型变量 num，用来存储用户输入的数值。

第9行：使用 for 循环，但是不设置初值、循环停止的条件及增量，让循环形成一个无穷循环。

第12行：显示信息提示用户输入数值。

第13行：捕捉输入的数值。

第15~21行：如果输入数值为0，则显示"程序运行结束！"信息，并利用 break 关键字跳出循环。

使用 break 来终止程序执行可以让程序按照预期的方式运行，让程序更具灵活性。不过通常来说，像上面这样在 for 语句中终止循环的情况并不多见，这个范例只是用来练习 break 的使用方法而已，使用概率最高的地方还在于 switch 语句中。

4.6.2 continue 语句的使用

continue 关键字也可以用来退出循环，但 continue 的作用是让程序跳过循环中其他尚未执行的部分，继续执行下一轮的循环。

continue 语句与 break 语句有所差异，主要区别是：continue 退出的只是当前的循环，而不是整个循环，但 break 退出的则是整个的循环语句。例如：

```
for(i=5;i<10;i++)
{
    sun=i;
    break;
    sun=i+1;
}
```

和

```
for(i=5;i<10;i++)
{
    sun=i;
    continue;
    sun=i+1;
}
```

在上面的第一段代码中，执行 break 语法时将退出整个 for 循环，因此执行 for 循环之后，变量 sun 的值为5；第二段代码中，执行 continue 语句时，结束的是当前循环，程序流程会转移到 for 循环的增量 i++，然后进行条件判断，准备进入下一次循环。因此，第二段代码运行结束时，变量 sun 的值是9。注意：此处变量 sun 的值是9而不是10，这是由于 continue 语法作用的结果。

【例4-9】

continue 语句的使用

本例将输出 50~100 之间所有 13 的倍数。程序代码如下：

```
01   #include <iostream>
02
03   using namespace std;
04
05   int main()
06   {
07       int i;
08       cout<<"50 到 100 之间 13 的倍数有:"<<endl;
09       for(i=50;i<=100;i++){
10           if(i%13!=0)
11               continue;
```

```
12          cout<<i<<" ";
13      }
14
15      return 0;
16  }
```

程序运行结果如图 4-9 所示。

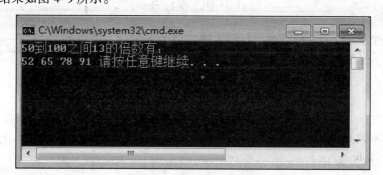

图 4-9　例 4-9 运行结果

本例的主要代码分析如下：

第 7 行：声明 int 类型变量 i，用来代表每次判断的整数。

第 9 行：使用 for 循环，设置 i 初值为 50，循环条件是 i 不大于 100，每次递增 1。相当于对 50～100 之间的所有整数进行遍历。

第 10～12 行：循环体。每次判断当前的整数除以 13 的余数是否不为零，这是一种利用余数判断整除的常用方法。若余数不为零，说明不能整除，则执行 continue，结束本次循环准备进入下一次循环。若能整除，则判断不成立，不会执行 continue，继续向下执行，输出当前的整数。

注意，if 语句条件后若没有大括号括起来的语句块，则只有条件后的第一条语句受 if 判断的限制，是条件结构的执行语句。

小　结

本章介绍了 C++ 中的条件选择结构和循环结构语句及相关知识，主要内容如下：

- if...else 选择结构语句可以对条件进行判断，根据判断结果执行不同的分支，条件判断的执行过程类似"顺藤摸瓜"。
- switch 语句通常用于对多分支选择结构情况的判断，执行过程类似"对号入座"。
- switch 语句要根据实际情况配合 break 语句使用，以结束当前 case 分支的执行内容，避免和后续的 case 混淆。
- 循环结构语句有 while、do...while 和 for 循环 3 种结构。
- while 和 do...while 循环语句多用于根据条件控制循环的情况。
- for 循环语句多用于循环次数已知的情况。
- while 循环若一开始条件不成立，则循环一次都不执行；do...while 循环若一开始条件不成立，循环体仍会被执行一次。若条件成立，能够进入循环，则两者并无差别。
- for 循环是最灵活的一种循环语句，注意其语法特点，小括号内无论何时都要有两个分号分开 3 部分。
- break 语句用来结束当前循环体的执行，把控制转移到循环体外下一个可执行语句。

● continue 语句用来跳过循环体中它后面的所有语句，控制转移到循环体的开始处。

选择结构和循环结构可以根据实际需要嵌套使用，在今后的学习中将大量使用它们。请完成课后练习，多多编写这两种结构的程序，熟练掌握它们的语法，领悟其对程序流程的控制。

上 机 实 验

1. 编写一个程序，将用户在命令行输入的 24 小时制时间转换为 12 小时制。

2. 用户输入 x 的数值，根据如下规则输出计算后的结果 y 值。

$$y = \begin{cases} x & (x<1) \\ 2x-1 & (1 \le x \le 10) \\ 3x-11 & (x \ge 10) \end{cases}$$

3. 编写一个程序，由用户输入一个百分制成绩，要求输出成绩等级 A、B、C、D、E。90 分以上为 A；80～89 分为 B；70～79 分为 C；60～69 分为 D；60 分以下为 E。

要求使用 switch 语句实现。

 提 示

可以先对成绩进行处理，得到十位上的数值（利用整除），然后再进行判断。

4. 假设今天是星期日，编写一个程序，求 n 天后是星期几。要求：n 的数值由用户输入；使用 switch 语句实现。

5. 用户输入一个数字，按照数字输出相应个数的星号。

6. 编写程序，求 0～100 之间的偶数和。要求：分别用 while 语句和 do...while 语句实现。

7. 输入一个大于 1 的整数，求这个数的阶乘。用 3 种循环语句实现。

 提 示

5 的阶乘表示为 5!，计算公式：5!=1*2*3*4*5

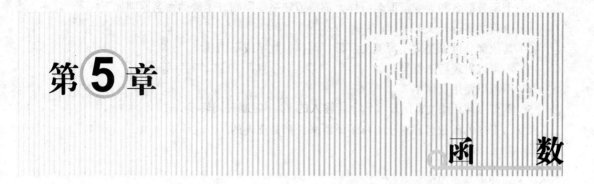

第 **5** 章

函　　数

一个函数代表一个特定的功能，而程序执行这些功能以完成用户所交代的任务。事实上，C++中的每个程序都是由许许多多的函数组成的，所有的运算都得在函数中进行，不能直接写在函数外部。

其中，最主要的函数称为 main()，在前几章中已经介绍过，它是每个程序所必备的函数。一个程序的执行会从它开始，调用其他的函数执行它们的功能，并借着传递参数与返回值进行交互，这些子函数执行结束后又会继续执行主函数 main() 的其他部分，直到主函数也执行完毕时程序即结束。由此可见，函数在 C++中扮演着极为重要的角色。

在程序的写作上，使用函数的时机有两个，第一是当程序出现许多拥有相同内容的片段时，为了保证程序的简洁，会将这些重复的部分定义成一个新的函数，然后在程序原处用这个函数的名称替代重复的部分，就可以调用此函数以执行这些常出现的程序语句；第二是增加程序的结构性，一个好的程序必须是层次分明的，以方便日后管理。

学习目标

- 掌握函数的基本结构
- 掌握函数的声明和调用
- 掌握函数的返回值的定义和使用
- 掌握函数的参数的作用以及参数的传值
- 掌握内联函数的概念
- 掌握变量与函数的配合使用

5.1　理　解　函　数

使用函数之前都需要先声明和定义，之后编译器才会"认得"它们为何物，在执行到调用函数的程序代码时才会知道去何处进行调用的操作。在使用编译器内建的函数库时都得进行 include 操作，然而如果是用户自己写的函数则不必这么麻烦，只需要在同一个程序文件中声明及定义即可。

C++中的函数需要先声明，再定义，然后才能使用。

5.1.1　函数的声明

每个函数都有一个特定的名字，它的声明就是在向编译器交代这个名字，但并不告诉它怎么去执行，执行操作是在定义时才去完成。

为一个函数取名和为变量取名一样，都得遵守一些原则。函数的命名原则如下：

（1）由英文字母开头。

（2）其他部分可以是大小写英文字母、阿拉伯数字或下画线。

（3）不可以出现特殊符号，如 "+"、"-"、"*"、"/"、":"、";" 等。

（4）不可以使用保留字。

（5）不可以使用中文。

因此，下列的函数名称对于 C++ 编译器来说都是正确的。

```
draw_line( );
draw_line();
```

而下列的则是错误的示范：

```
char();               //不可以使用字符类型保留字 char
_drawline();          //不可以用下画线开头
draw-line();          //不可以使用特殊符号 "-"
```

这 3 个函数名称对于 C++ 编译器来说都是错误的，因为第一个使用了 C++ 的保留字；第二个则是因为使用下画线（_）字符作为函数的开头，违反了 C++ 命名的规则；第三个则是因为函数名称中使用了不合法的符号。

一个函数的声明通常包括 3 部分：返回值类型、函数名称和参数表，然后以分号结束。例如声明一个名为 functionA 函数，其语法格式如下：

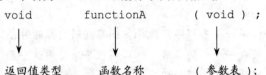

返回值是指函数执行完功能后将结果返回给主程序。不过由于简单的函数中一般不会有返回值，因此它的数据类型被设成 void，void 表示空。

函数声明中的小括号中存放的是传入给函数的值的数据类型，称为参数。这里暂时介绍最简单的函数声明，此处并没有给函数传递参数，这种情况下小括号内就可填 void，通常也可以直接省略不写，因此今后如果见到函数名称后有个空的小括号，代表它是没有传入参数。

需要注意的是，声明函数与声明变量一样，必须以分号 ";" 结尾，因为函数的声明对于整个程序而言是一个完整的程序语句。

函数的声明通常都会放在程序的开头部分。这是由于编译器在执行编译之前会有检查的操作，而且是逐行检查。函数声明的目的相当于在提醒编译器有这么一个函数存在，可以在之后的程序代码中找到它的"函数体"，也就是定义函数的部分，因此就不会发生错误。若不进行函数声明，就常会发生函数先调用、后定义的情况，以致编译器因为没有意识到这个函数的存在而产生错误信息。

5.1.2 函数的定义

仅声明函数是不够的，必须为函数做定义，然后才能使用。函数定义决定着函数所要执行的程序指令、返回值等，这些定义必须与函数的声明相符。定义函数的方式如下：

```
void 函数名称()
{
    程序语句；
    …；
```

}

函数的定义就是函数主体的所在，包含函数所要完成的所有工作。

值得注意的是，如果函数的主体比第一次调用此函数的地方出现得还要早，则可以省略声明部分，直接使用函数定义作为函数的声明。例如：

```
void draw_line(void)     //先函数定义
{
    程序语句;
    …;
}
void main()
{
    程序语句;
    …
    draw_line();           //后函数调用，没有问题
    …;
}
```

这一段程序对于 C++编译器而言并不会产生任何错误，因为在这个程序中，由于函数定义被放在第一次调用函数的程序语句之前，因此调用时编译器已经"认得"该函数，不需要函数声明。

反之，如果函数的定义出现在调用函数的程序语句后，就必须声明函数，否则编译器会将其视为错误，就像没有声明变量就直接使用变量一样。例如：

```
void main()
{
    程序语句;
    …;
    draw_line();           //先函数调用
}
void draw_line(void)     //后函数定义，会出错
{
    程序语句;
    …;
}
```

这一段程序在编译的过程中会发生错误，因为编译器在第一次看见 draw_line()语句时，之前并没有相关的声明，就像没有声明的变量一样，因此必须在调用函数之前先加上函数原型的声明，如：

```
void draw_line(void);    //先函数声明
void main()
{
    程序语句;
    …;
    draw_line();           //再函数调用
}

void draw_line(void)     //后函数定义，没有问题
{
    程序语句;
    …;
}
```

此时，这个程序就可以通过编译。编写程序时，最好养成固定的程序编写习惯，需要声明的地方不能忽略。

最后有一点要注意，定义函数不可以在 main()函数中进行，也不可以在其他任何一个函数中进行。换句话说，C++不允许在一个函数的内部再定义另一个函数，所有的函数定义都是在一个"平等"的层次上。以下所举的程序即是个错误的示范：

```
void function1();
void function2();
void main()
{
    void function1()        // 错误！不能在main()函数中定义另一个函数
    {
        void function2()    // 错误！不能在函数中定义另一个函数
        {
            ...
        }
    }
    function1();
    function2();
}
```

正确的写法如下：

```
void function1();
void function2();
void main()
{
    function1();
    function2();
}
void function1()
{
}
void function2()
{
    ...
}
```

这是在初学函数的定义时容易犯下的错误，希望读者多加注意：函数不允许嵌套定义。

5.1.3　调用函数

在完成函数的声明与定义后，就可以通过函数调用让函数包含的代码得以执行，执行完函数中的代码后继续执行程序中函数调用后面的代码。在需要的时候，还可以再次进行函数调用。调用函数能够有效地简化程序的复杂度。

调用函数的方法很简单，与数学上使用函数的方法类似，它的精神就是在"替换"。因此，只需要使用该函数的名称并将必要的参数传入即可，其格式如下：

　　函数名称();

程序遇到函数调用时，程序暂停执行，将程序的控制权交给被调用的函数，直到被调用的函数执行完毕，才会将控制权交回，并由调用函数后面的下一个程序语句继续执行。使用函数时，程序的执行流程如图 5-1 所示。

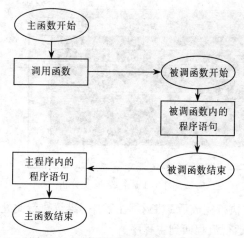

图 5-1 函数调用时程序的执行流程

【例5-1】

定义一个函数，用来显示信息，可以清楚地看到程序执行权的转移情况。

程序代码如下：

```
01  #include <iostream>
02  using namespace std;
03
04  //函数声明
05  void SubFun(void);
06
07  int main()
08  {
09      cout<<"刚刚开始执行主函数"<<endl;//endl 代表换行
10
11      //函数调用
12      SubFun();
13
14      cout<<"回到主函数继续执行"<<endl;
15      return 0;
16
17  }
18
19  //函数定义
20  void SubFun()
21  {
22      cout<<"函数被调用,开始执行自定义函数 SubFun()"<<endl;
23  }
```

程序运行结果及分析如图 5-2 所示。

本例的主要代码分析如下：

第 5 行：函数原型声明，无返回值也没有传入参数。

第 9 行：开始执行主函数，并显示序语句："刚刚开始执行主函数"。

第 12 行：在主函数中调用函数 SubFun()。此时主函数将暂停，程序的运行流程转移到 SubFun() 函数定义的位置，去执行该函数的函数体语句。由于前面已经有函数声明，因此在这里先调用，稍后再给出函数定义。

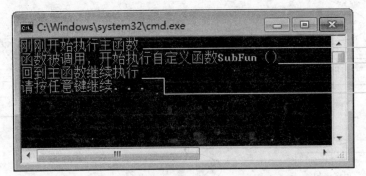

图 5-2　例 5-1 运行结果及分析

第 14 行：SubFun()函数执行完成后，将返回主程序，继续执行此处的语句，实现输出信息"回到主函数继续执行"，表示运行流程回到主程序。

第 20~23 行：函数 SubFun()的定义，此函数执行时的功能是输出信息"函数被调用，开始执行自定义函数 SubFun()"。

本例体现了调用函数之后程序的执行状况，有了这一层的了解，就更能体会使用函数的便利与好处。

将一些重复性高的程序语句组成一个块定义成函数，通过函数调用就可以实现程序代码的重复使用。但是将程序分割成函数时，最好让每个函数负责一个单纯的工作，尽量不要将多个工作塞到一个函数中，这样不仅可以提高程序结构的单纯性，还有助于程序的维护工作。

另外值得注意的是，函数的调用可以是嵌套的，也就是一个被调用的函数中再去调用另一个函数。例如：

```cpp
void function1();
void function2();
void main()
{
  … //partA
  function1(); //调用 function1
  … //partB
}
void function1()
{
  … //partC
  function2(); //调用 function2
  … //partD
}
void function2()
{
  …
}
```

其中，main()函数执行完其 partA 后会去调用 function1()，而 function1()执行完其 partC 再去调用 function2()，当 function2()执行完毕时会回到 function1 继续执行 partD，当 partD 也完成时会跳回 main()函数执行其 partB，最后 main()结束，程序也跟着结束。

在这一节中介绍了一些简单函数的声明、定义与调用。一般而言，简单的函数可以适用于功能独立、经常使用而不用更改数据的工作，如输出一些固定的信息或输入一些固定的项目等。下面将以输入学生成绩为例，介绍这种函数的用途。

【例5-2】

将录入学生信息和成绩并进行计算的功能定义在 inputs()函数中，在主函数中调用该函数，实现学生信息的相关操作。

程序代码如下：

```
01  #include<iostream>
02  #include<string>      //引入字符串头文件
03  using namespace std;
04
05  void inputs();         //函数声明
06
07  void main()
08  {
09      int studentNum=0;
10      cout<<"请输入学生人数 >";
11      cin>>studentNum;
12      for(int i=0;i<studentNum;i++)
13          inputs();
14  }
15
16  void inputs()
17  {
18      string name;
19      int classID=1;
20      int Cgrade=0;
21      int Egrade=0;
22      int Mgrade=0;
23      int Pgrade=0;
24      int Chgrade=0;
25      int Hgrade=0;
26      int Ggrade=0;
27      int Bgrade=0;
28      int total=0;
29      int average = 0 ;
30      cout<<endl<<"姓名">;
31      cin>>name;
32      cout<<"组别 > ";
33      cin>>classID;
34      cout<<"语文成绩 >";
35      cin>>Cgrade;
36      cout<<"英语成绩 >";
37      cin>>Egrade;
38      cout<<"数学成绩 >";
39      cin>>Mgrade;
40
41      // 个别科目部分
42      if(classID==1)
43      {
44          cout<<"历史成绩 >";
45          cin>>Hgrade;
```

```
46          cout<<"地理成绩  >";
47          cin>>Ggrade;
48          total=Cgrade+Egrade+Mgrade+Hgrade+Ggrade;
49          average=total/5;
50      }
51      else if((classID==2)||(classID==3))
52      {
53          cout<<"物理成绩  >";
54          cin>>Pgrade;
55          cout<<"化学成绩  >";
56          cin>>Chgrade;
57          if(classID==3)
58          {
59              cout<<"生物成绩  >";
60              cin>>Bgrade;
61              total=Cgrade+Egrade+Mgrade+Pgrade+Chgrade+Bgrade
62              average=total/6;
63          }
64          else
65          {
66              total=Cgrade+Egrade+Mgrade+Pgrade+Chgrade;
67              average=total/5;
68          }
69      }
70
71      cout<<endl<<"*************"<<endl;
72      cout<<"学生姓名是 "<<name<<endl;
73      cout<<"总成绩是 "<<total<<endl;
74      cout<<"平均分是 "<<average<<endl;
75      cout<<endl<<"*************"<<endl;
76
77  }
```

图 5-3 例 5-2 运行结果

运行程序时，假设用户输入的学生人数为 2，则会循环两次调用 inputs()函数，对学生信息和成绩进行输入并显示相应结果。程序运行结果如图 5-3 所示。注意，其中 classID 的不同数值影响着学生成绩的科目类别。

本例的主要代码分析如下：

第 2 行：引入 string 头文件。这是因为在本例中输入学生姓名时用到了字符串类型来进行数据的保存。参见 18 行、31 行。

第 5 行：声明函数 inputs()。

第 12 行：依照 11 行所输入的学生人数多少，决定 for 循环执行的次数。

第 18 行：声明字符串类型 string 的变量 name，用来保存学生姓名。string 可以用来保存连续的多个字符，适合保存姓名。关于 string 的详细内容将在后续章节中讲述，这里先学习它的简单使用。

第 30~39 行：输入学生名字、组别与共同科目（语文、英语、数学）成绩。

第 42~50 行：如果学生的组别为 1，则继续输入历史、地理成绩，并计算总分平均分。

第 51～69 行：如果学生组别为 2 或 3，则需要输入物理和化学成绩；组别为 3 的学生还要再多输入一个生物成绩，计算总分和平均分。

第 71～75 行：输出学生姓名、总分与平均分。

本例中由于需要重复输入多人的成绩，而且不确定总共有多少人，所以将 for 循环中的终止条件设为让用户输入的变量值，同时将输入及显示部分的程序代码定义到 inputs() 函数中，如此一来，在 main() 函数中的程序代码变得非常简短且明确。不过本程序也有一些缺点。例如，inputs() 中每次都得输入组别，然而在一个班级里组别应该都是相同的，而且一旦进入 for 循环中，除非完成输入全部的人数数据，否则无法退出。如果想要改进这些缺点，就得借助 5.2 节将介绍的参数及返回值来修改。

5.2 参数与返回值

C++的函数与数学函数十分相似，但是之前介绍的函数都没有具备与数学函数一样的传递参数与返回结果的机制，只是单纯地处理某些工作而已。C++的函数允许外部程序将数据传递给函数进行处理，然后再将处理的结果送回去。C++的函数不仅可以处理数据，也可以处理一些重复性高的工作。

5.2.1 声明带参数与返回值的函数

在 5.1 节中介绍了一个简单的函数会有 3 个部分：返回值的类型、函数名称及传入的参数类型，一个函数声明的语法结构如下：

返回值数据类型 函数名称([参数数据类型 参数名称]);

在小括号内的就是定义传入的参数，除了名称外，也必须定义它们的数据类型。例如：

```
void show_char(char c);
```

传入的参数可以视为函数本身的变量，之后函数的函数体便可以使用它们进行处理，即函数参数是作用域为该函数的局部变量。

声明带参数的函数应注意：

（1）C++允许传递多个参数给函数处理，但不允许有相同的名称出现，且每个参数都必须指定其数据类型，并且以逗号“,”做分隔。例如：

```
void area(int length,int width);
```

（2）若没有声明任何参数时，可以使用 void 关键字表示，或是直接省略不写。例如：

```
void simple(void);
void simple();
```

函数声明的另一部分为“返回值数据类型”，其目的是设置函数要返回何种类型的数据给调用函数的程序语句。一个函数最多只能有一个返回值，所以只需要定义一个返回值类型。这个类型必须是 C++所允许的，如 int、char 或用户自行定义的数据类型。需要注意的是，凡是使用到自定义的数据类型，必须在之前先行声明定义，否则会发生错误。例如：

```
int get_age();
char get_char();
name get_Name();
```

这 3 个程序语句中，第一个程序语句表示函数必须返回一个整型类型的数据；第二个语句表示函数返回字符类型的数据；第三个语句表示函数返回用户自定义的 name 数据类型（自定义的 name 数据类型要提前定义好，此处省略未展示）。

声明带返回值类型的函数应注意：

（1）如果函数没有任何返回值，则必须使用 void 关键字作为返回值的数据类型，与之前讲过的方式相同。

（2）在 C++中若不写返回值类型，则默认所返回的是一个整数（int）类型。

例如，下列两个函数声明是相同的：

```
int function2(void);
function2();
```

函数的声明一方面可以避免事后定义所造成的错误，另一方面由于它的位置通常都是写于程序的开头，所以让程序设计人员能够在短时间内明白这个源代码文件中究竟使用到哪些函数，方便日后管理。

5.2.2　定义带参数与返回值的函数

回顾一下 C++的规定：声明函数之后，得为函数做个定义；如果将函数定义放在第一次调用函数的语句之前，则可以省去声明的步骤。

具有传入参数或返回值的函数，其定义的方式大致与先前所说的函数定义方法相同。需要注意的是，函数定义必须与函数声明保持一致。其基本格式如下：

```
返回值类型 函数名称([参数类型 参数名称])
{
    程序语句;
    …
    [return 返回值;]
}
```

简单地说，函数定义相当于函数声明去掉分号，然后加上大括号括起来的函数体。

注意：

（1）如果函数声明时返回值类型为 void，则函数体中的 return 语句就不应带有返回数据，否则编译时会发生错误。这时，应该把 return 语句去掉，或在 return 后面直接加上分号，如：

```
return;
```

（2）如果定义了某返回值类型，在函数体中就必须用 return 返回相应类型的数据，否则在编译时会出现一些警告信息。

（3）调用函数时必须符合定义时所规定的参数类型与个数，否则在编译时会因为有些参数没有相对的传入值而发生错误。例如，functionA()的定义与调用个数如下：

```
int functionA(int var1,char var2);

functionA(10,"x");
```

因此，无论是设置一个函数的声明与定义还是调用它，其参数类型、个数与返回值类型都必须一致，否则会有错误产生。

接下来简单讨论一下 main()函数，它也可以带有参数，在很多书籍中都会写为如下形式：

```
int main(int argc,char* argv[]);
```

可以看出它有两个参数被传入，这两个参数的使用和它所存在的环境有关。

以 main()函数作为主函数的程序，其执行是在纯文本模式（也就是 MSDOS 方式）下进行的。main()函数中的两个参数就是负责接收纯文本模式执行时输入的一些信息，这些信息通常被称为命令行参数。main()函数中的 argc 是传入的命令行参数的个数，而 argv[]则是以字符串数组形式保存命令行参数，其中，[]代表这个参数是个 "数组"，在第 6 章中会进行深入介绍；int 代表 main()

函数最后应该返回一个整型的类型值。这些 main()函数的参数或返回值不属于学生学习的范围，因此在本书中定义 main()函数时均写成 void main()。

5.2.3 调用函数时传入参数

带有参数的函数在调用时必须传入对应的参数。

函数定义时所写的参数称为形式参数，简称形参；函数调用时所写的参数称为实际参数，简称实参。函数调用时传递参数应注意：

（1）实参的类型和个数要与形参保持一致，多个实参中间用逗号","分开。

（2）函数调用时实参不再写类型，而是直接给出相应类型的数据。

（3）实参可以是常量，也可以是带有实际数据的变量或表达式。

（4）实参和形参可以重名，两者互不影响（因为在不同的作用域中），但不建议这样做。

例如，函数声明为

```
void drawing(char ch,int num);
```
并且已经定义，则以下函数调用均正确：

```
drawing('*',8);        //直接将常量'*'传给第一个形参 ch，常量 8 传给第二个形参 num
char ch='A';           //定义一个字符变量 ch，赋值为'A'
int n=10;              //定义一个整型变量 n，赋值为 10
drawing(ch,n);         //将变量 ch 的数据'A'传给形参 ch，变量 n 的数据 10 传给形参 num
```

【例5-3】

自定义函数，实现根据字符与个数绘制由该字符组成的直线。

在主函数中由用户自己确定字符和个数，传递给自定义函数完成图形的绘制。程序代码如下：

```
01  #include <iostream>
02
03  using namespace std;
04
05  void drawing(char ch,int num);
06
07  int main()
08  {
09      char draw_ch;
10      int draw_num;
11
12      cout<<"请输入字符:";
13      cin>>draw_ch;
14
15      cout<<"请输入个数:";
16      cin>>draw_num;
17
18      drawing(draw_ch,draw_num);
19
20      return 0;
21  }
22
23  void drawing(char ch,int num)
24  {
25      int i;
```

```
26      for(i=1;i<=num;i++)
27      {
28          cout<<ch;
29      }
30      cout<<endl;
31  }
```

运行程序时，用户输入某符号，再输入一个整数，则会显示一行相应个数的该符号。运行结果如图 5-4 所示。根据用户输入内容的不同，程序运行结果也会发生变化。

图 5-4　例 5-3 运行结果

本例的主要代码分析如下：

第 5 行：声明 drawing 函数，此函数分别有一个 char 与 int 类型的参数。

第 9、10 行：声明两个变量，用来存储用户输入的数据。

第 12～16 行：提示用户输入相应的数据，并读取数据保存至相应变量。

第 18 行：调用 drawing 函数，将变量 draw_ch 与 draw_num 作为函数的实参。

第 23～31 行：定义 drawing 函数。

第 25 行：声明 int 类型变量 i，作为循环计数器。

第 26～29 行：通过循环，根据形参绘制直线图形。

一般来说，C++程序传递给函数处理的参数都不是固定的常量，而是经过多重判断、处理之后的数据，这些数据通常都会被存储在变量中。因此，将变量作为传递参数的方式在 C++程序中较为常见。

5.2.4　函数返回值

定义时带有返回值类型的函数，意味着函数调用执行完毕后，将要带一个结果出来，这个结果在调用的位置被使用或者被保存，之后再使用。

想要将函数的返回值体现出来，需要在函数体内部使用 return 语句。

函数返回值是利用关键字 return，之后接着是要返回的数据，方法如下：

return 返回值；

使用 return 实现返回值的相关说明：

（1）与传入参数相同的道理，返回值可以是常量，也可以是变量，还可以是表达式。例如，要进行除法运算并返回结果，可以直接写成如下形式：

```
float divide(int var1,int var2)
{
    return(var1/var2);
}
```

（2）返回值的数据类型必须与函数定义时所设的返回值数据类型一致，虽然 C++的编译器会自动对一些类型进行内部转换，如 int 与 float，不过还是不建议这么做，因为有可能造成一些调试时的错误。

（3）return 将会把要返回的数据"返回"到函数调用的地方，也就是说，带有返回值的函数，其函数调用本身就代表着返回的结果，可以直接在代码中进行使用。后面会列举具体的例子。

（4）当程序执行到 return 这一行时，不论在它之后是否有其他的程序，它都会直接跳出函数并返回其后所设的值。例如，下面的函数根据传入分数的不同返回该分数的等级，如果某一 if 语句的条件符合，则会返回相应的等级，而不再继续执行其后的函数片段。

```cpp
char grade1(int score)
{
    if(score>=90)
        return'A';
    if(score>=80)
        return'B';
    if(score>=70)
        return'C';
    if(score>=60)
        return'D';
    return'E';
}
```

因此人们可以利用 return 来设计函数的执行流程，以达到特定的目的。

如果函数有返回值，那么必须将这个返回值做处理。例如，用一个变量将其存储起来，或是直接以这个函数调用的返回值作为决策结构的判断条件，或循环结构的终止条件等。下面的例子体现了如何调用带有返回值的函数，并对其返回值加以使用。

【例5-4】

声明、定义、调用带有返回值的函数。

本例定义了两个带有返回值的函数，bool isPositive(int n)用来判断传入的参数是否为正数，并将一个布尔类型的判断结果进行返回；int factorial(int n)用来对给定的参数进行阶乘的计算，并将阶乘结果进行返回。在 main()函数中将调用这两个函数，并且对返回值加以利用。程序代码如下：

```cpp
01  #include <iostream>
02
03  using namespace std;
04
05  bool isPositive(int n);
06  int factorial(int n);
07
08  void main()
09  {
10      int num;
11      cout<<"请输入一个整数"<<endl;
12      cin>>num;
13      if(isPositive(num))
14          cout<<num<<"的阶乘是"<<factorial(num)<<endl;
15  }
16
17  bool isPositive(int n)
18  {
```

```
19      if(n>0)
20          return true;
21      else
22          return false;
23  }
24
25  int factorial(int n)
26  {
27      int result=1;
28      for(int i=1;i<=n;i++)
29          result*=i;     //result=result*i;
30      return result;
31  }
```

运行程序时，输入不同的数据会有不同的运行结果，如图 5-5 所示。

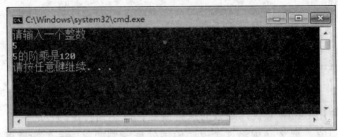

（a）输入 5 显示的运行结果

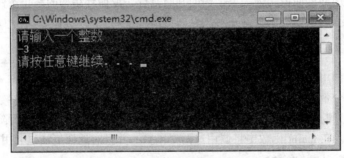

（b）输入 -3 显示的运行结果

图 5-5　例 5-4 中输入不同数据显示不同的运行结果

本例的主要代码分析如下：

第 5、6 行：声明 isPositive()函数，声明 factorial()函数。

第 10～12 行：声明整型变量 num，提示用户输入一个整数并读取这个整数保存至 num。

第 13 行：调用 isPositive()函数，将 num 作为实参传递给函数判断是否为正数，由于 isPositive 函数带有布尔类型的返回值，因此此处直接将函数调用放在 if 语句的条件判断处，整个函数调用就代表着返回的结果。如果返回 true，则继续执行 14 行语句。

第 14 行：输出阶乘结果。将 num 作为实参传递给 factorial()函数计算其阶乘，factorial()函数带有返回值，此处直接将函数调用放在输出语句中，即可将返回的阶乘结果进行输出。

第 17～23 行：定义 isPositive()函数，注意该函数有 bool 布尔类型的返回值，有 int 整型的一个形参。函数根据参数的正负性返回真或假的逻辑值。

第 25～31 行：定义 factorial()函数，注意该函数有 int 整型的返回值和一个 int 整型参数。函数通过循环对 n 进行阶乘的计算，并在最后通过 return 语句将结果进行返回。

通过本例可以看出，带有返回值的函数，其函数调用就代表着返回的结果，要根据程序的功能需要对结果加以使用。

在本节的最后再来回顾上一节末所介绍的程序，以下的程序代码便是利用参数及返回值来改进它的缺点。

【例5-5】

对例 5-2 的改写。程序代码如下：

```
01  #include <iostream>
02  #include <string>              //引入字符串头文件
03  using namespace std;
04
05  bool inputs(int classID);      //函数声明
06
07  void main()
08  {
09      int studentNum=0;
10      int classID=1;
11
12      cout<<"请输入学生人数 > ";
13      cin>>studentNum;
14      cout<<"请输入班级组别 > ";
15      cin>>classID;
16      for(int i=0;i<studentNum;i++)
17          if(inputs(classID)==false) // 传入参数
18              break;
19  }
20
21  bool inputs(int classID)
22  {
23      string name ;
24      int Cgrade=0;
25      int Egrade=0;
26      int Mgrade=0;
27      int Pgrade=0;
28      int Chgrade=0;
29      int Hgrade=0;
30      int Ggrade=0;
31      int Bgrade=0;
32      int total=0;
33      int average=0;
34      cout<<endl<<"姓名>";
35      cin>>name;
36      if(name=="exit")
37          return false;
38
39      cout<<"语文成绩 >";
40      cin>>Cgrade;
41      cout<<"英语成绩 >";
42      cin>>Egrade;
43      cout<<"数学成绩 >";
```

```
44      cin>>Mgrade;
45
46      // 个别科目部分
47      if(classID==1)
48      {
49          cout<<"历史成绩 >";
50          cin>>Hgrade;
51          cout<<"地理成绩 >";
52          cin>>Ggrade;
53          total=Cgrade+Egrade+Mgrade+Hgrade+Ggrade;
54          average=total/5;
55      }
56      else if((classID==2)||(classID==3))
57      {
58          cout<<"物理成绩 >";
59          cin>>Pgrade;
60          cout<<"化学成绩 >";
61          cin>>Chgrade;
62          if(classID==3)
63          {
64              cout<<"生物成绩 >";
65              cin>>Bgrade;
66              total=Cgrade+Egrade+Mgrade+Pgrade+Chgrade+Bgrade;
67              average=total/6;
68          }
69          else
70          {
71              total=Cgrade+Egrade+Mgrade+Pgrade+Chgrade;
72              average=total/5 ;
73          }
74      }
75
76      cout<<endl<<"*************"<<endl;
77      cout<<"学生姓名是 "<<name<<endl;
78      cout<<"总成绩是 "<<total<<endl;
79      cout<<"平均分是 "<<average<<endl;
80      cout<<endl<<"*************"<<endl;
81
82      return true;
83  }
```

本例的主要代码和例 5-2 几乎相同，但函数变成带有返回值和参数的形式。整个实例的变化主要体现在两个方面：首先，由于一个班级内的组别应该是相同的，所以可以在主程序内便输入组别号码，再将它作为参数传入函数 inputs()中，这么一来，便不必每次都输入组别了。还需要注意本例的第 10、14、15 行，同时，第 17 行中调用方法时将组别作为参数。其次，本例提供给用户在中途就退出循环的一种方式，即可以在输入名字时输入 exit。第 36、37 行，如果姓名输入了 exit，便会利用 return 返回一个 false 的布尔值，当外部程序接收到 false 时，便会执行 break 指令而跳出循环，对应语句在 17、18 行。这样便能有效地改进这个程序。请读者自己实践这个实例，观察、思考程序的变化。

本节中介绍了传递参数及返回值的用法，可以发现，利用参数及返回值的函数在使用上更具灵活性，同时也能对不同的情况进行实时的交互。所以在 C++中的函数多半都有参数及返回值，以求程序能达到精简及易管理的目的。

5.3 传 址 参 数

当一个变量被当做参数传入函数中时，编译器在幕后所做的工作是将这些参数复制至内存中，以供函数使用。所以它和传入前的变量便成为两个有相同内容但各自独立的个体，即使在函数中对该参数进行更改也不会影响外部程序中变量的值，这样的参数被称为"传值参数"。

例如，有如下函数定义：

```
void fun(int x,int y)
{    x=10;
     y=15;
}
```

以及如下函数调用语句：

```
int a=2,b=3;
fun(a,b);
```

函数调用时的实参 a、b，与函数定义处的形参 x 和 y 之间的关系如图 5-6 所示。

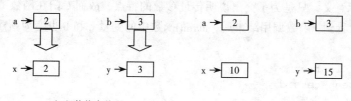

（a）传值参数　　　　　　　　（b）各自独立互不影响

图 5-6　实参 a、b 与形参 x、y 的关系

图 5-6（a）中体现了函数调用时，实参把自己的数值传递给形参，形参获得实参数据的一份复制版本。图 5-6（b）显示了一旦传值完毕开始执行函数体，形参与实参之间就没有联系了，二者都有自己的独立空间，互相不再有联系。因此，即使人们在函数体内部将 x、y 重新赋值，也不会影响 a、b 的数据。

与此相对应，C++还提供另一种参数，称为"传址参数"。

编译器在处理传址参数时并不会使用一个复制过的原变量值，而是使用原变量的地址，也就是将数据所在的内存空间位置进行传递，这样，形参和实参都知道数据在"哪儿"，它们使用的是同一个空间中的数据。

若要使用传址的方式传入参数，只需要在参数类型的后方加上"&"即可。例如：

```
void fun(int &x,int &y);
```

在 C++中凡是遇上"&"符号即表示和地址有关，在变量名称前加"&"符号表示获取该变量的地址。上面的函数声明中，形参（int &x,int &y）表示形参将会获取实参的地址。下面的语句和图解说明了传址参数的使用和特点。将函数定义和调用改为如下形式：

```
void fun(int &x,int &y)
{    x=10;
     y=15;
}
```

以及如下函数调用语句：

```
int a=2,b=3;
```

```
fun(a,b);
```
传址参数的原理如图 5-7 所示。

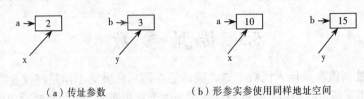

(a) 传址参数　　　　　　　(b) 形参实参使用同样地址空间

图 5-7　传址参数的原理

图 5-7（a）中体现了函数调用时，形参加上了 "&" 符号表示要获取变量地址，因此实参 a 和 b 把自己的地址传递给形参 x 和 y，即 x 和 a 代表的是同一个地址空间，y 和 b 代表的是同一个地址空间。图 5-7（b）显示了传址参数使用的特点，形参与实参公用同一个空间，因此在函数体内部将 x、y 重新赋值，也就相当于改变变量 a 和 b 的值，这种变化在函数调用结束后能够体现出来。

下面是传址参数范例的完整代码，可以发现传址参数在经过函数调用后其值会改变。

【例5-6】

传址参数实例。

本例并没有实际意义，只是为了突出说明传址参数的特点，故而专门在函数 fun() 中将 x 和 y 重新赋值。但是可以看到，函数调用结束后，main() 函数中的变量 a 和 b 也变为新赋的值。程序代码如下：

```
01   #include <iostream>
02   using namespace std;
03
04   void fun(int &x,int &y)
05   {   x=10;
06       y=15;
07   }
08
09   void main()
10   {
11       int a=2,b=3;
12       cout<<"函数调用前: a="<<a<<" b="<<b<<endl;
13       fun(a,b);
14       cout<<"函数调用后: a="<<a<<" b="<<b<<endl;
15   }
```

程序运行结果如图 5-8 所示。

图 5-8　例 5-6 运行结果

读者可以试着将第 4 行函数定义处的形参 x 和 y 前面的两个 "&" 符号去掉，再运行这个程序，就会发现函数调用前后 a 和 b 的值没有变，恰好是之前所描述的传值参数的情况。请读者仔细分析该程序，总结传值与传址的不同。

本节针对传址参数做了简单的介绍，至于其背后的运行情形则因为涉及指针的概念，所以将在后面进行详尽的介绍。

5.4 默认参数值的函数

在 C++中有时因为函数常常会加载同一个参数值，故将它变为默认值，这种做法称为 "默认参数值"。每个参数只能有一个默认的值，如果调用函数时不传入这个参数，程序将会主动使用默认值来运算。例如：

```
int function1(int var1=100)
```

若调用 function1 时是以不传参数的 function1()形式调用，则 var1 的值会自动被设为 100；若以 function1(200)调用，则 var1 的值会改为 200。

若有多个参数时也是一样，例如：

```
int function2(int var1=100,int var2,int var3=300,int var4)
```

其中，var1 和 var3 是已经有默认值，var2 和 var4 则没有。这里一定要注意：由于在调用函数时输入的参数个数无论多少都是由第一个参数开始配对，所以并无法指定传入给哪些参数。例如，函数调用 function2(10,20)，则只有 var1 和 var2 被分配传入值，var3 和 var4 则没有被分配的值，此时 var3 会使用默认值 300,但 var4 则因为连默认值都没有设置使得在最后程序编译时会产生错误。因此，在使用默认参数值时，要注意实参形参的匹配。

下面的例子展示了如何使用默认参数值及传入不同数目的参数对函数运行的影响。

【例5-7】

默认参数值的使用。

程序代码如下：

```
01  #include <iostream>
02  #include <String>
03  using namespace std;
04
05  void function1(string name="陆峰",int age=20)
06  {
07      cout<<name<<"今年"<<age<<"岁。"<<endl;
08  }
09
10  int main(int argc,char* argv[])
11  {
12      cout<<"<学生信息>"<<endl;
13      function1();
14      function1("林嵩");
15      function1("吴凡",22);
16      return 0;
17  }
```

程序运行结果如图 5-9 所示。

对照程序运行结果，本例的主要代码分析

图 5-9 例 5-7 运行结果

如下：

第 5 行：设置默认参数值，name 默认为"陆峰"，age 默认为 20。

第 13 行：调用函数时不传入参数，则全部使用默认参数值。

第 14 行：传入参数"林嵩"，取代了第一参数的默认值"陆峰"。第二个参数仍用默认值。

第 15 行：传入参数"吴凡"及 22，取代了参数 1 的默认值"陆峰"及参数 2 的默认值 20。

默认参数常使用在许多函数调用都使用相同内容的参数值时，省去这些重复的部分，能使程序看起来更简洁，在使用上也只需要把握"位置 i 有参数值传入"或"位置 i 有默认参数值"的原则就能顺利运行。这种使用的概念类似于之后会提到的"函数重载"，也就是利用相同名称的函数依着设置参数数量与类型的不同，达到增加程序可读性的目的。

5.5　内　联　函　数

内联函数也是函数的一种，所以可以有参数、返回值，同时在编译过程中，编译器也会对它的参数及返回值数据类型进行检查。不过它与一般函数最大的差别是编译器处理它的方式：

（1）对于一般的函数，执行时操作系统会将该函数目前所用到的参数存储起来，之后再跳到函数的第一行开始执行。可简单理解为从调用处"跳转"到函数定义去执行函数体。

（2）而内联函数的执行则是直接将该函数的程序代码"插入"原来的主程序中。可简单理解为将函数体"拉过来"插入到调用位置。

内联函数与一般函数的不同在于其执行性能。对于一些内容较短的程序而言，内联函数的执行效率高于一般函数，但遇到较长的程序代码时一般不推荐使用内联函数。

下面来具体介绍内联函数的语法。

内联函数在结构上和一般函数非常相似，唯一的差别是它的声明前要加上 inline，其语法如下：

inline 返回值数据类型　函数名称([参数数据类型　参数名称])
{程序代码}

使用内联函数时应注意：

（1）若要让内联函数发挥作用，必须直接定义它的函数体。

如果只是单纯地声明这个函数，编译器会将其等同于一般的函数。

（2）即使一个函数被定义为内联函数，在编译时还是有可能会被视为普通的函数。

一般而言，编译器只接受结构简单的函数作为内联函数，凡是过长的或是有些复杂的，如有循环结构存在时，编译器便会自动视之为一般函数来进行处理。

因此，能够被当做内联函数的多半是一些只有两三行的小程序。例如，一个处理平方数的函数，如下所示：

```cpp
inline int square(int source)
{
    return(source*source);
}
void main(void)
{
    cout<<square(10);
}
```

这段程序在处理的过程中，square(int)就会被视为内联函数，它在编译后就会形成和以下程序代码同样的效果：

```cpp
void main(void)
```

```
{
    cout<<(10*10);
}
```

由此可见，本节中所介绍的内联函数是以一种"替换"的形式存在。它的执行与否依赖编译器而定，如果编译器认为它够简单能成为内联函数，便会将它的内容替换至调用它的主程序内，以达到快速执行的效果。

5.6　变量的种类

第 2 章中曾以数据类型介绍过 C++的变量种类，描述了局部变量、全局变量、自动变量与静态变量。本节将结合函数更好地对它们进行讲解。

首先来回顾一些名词：变量的作用域与生命周期。可以用下面的比喻来解释：

一个程序是由许多的块所组成的，所谓的块（或称复合语句）是指一对大括号"{}"之间的部分，最明显的例子就是目前所介绍的函数，其函数体也是由一对大括号所构成的块。块中的变量就其作用域而言，只局限于块本身。由于这个缘故，使得在不同块中可以拥有相同名称的变量，因为它们互相"看不到"，所以在编译时也不会混淆。这种作用域也造成函数中的变量只能活在自己的小天地中，一旦程序执行到程序块之外，便不会再认得它们，它们"死亡了"，它们的生命周期就只有在执行到块的时候而已。

即使如此，如果块间的关系变成嵌套结构时，则位于上一层块中的资源可以被其下块的资源所使用，因为这些在下层的块也属于上层块的一部分。

总而言之，一个变量的作用域是指它能被使用的范围，而生命周期则是指系统分配一块内存给它到这块空间被释放为止。依据这两项条件，可以将变量区分为 3 种，分别是自动变量、外部变量与静态变量，接下来就分别对它们进行详细介绍。

5.6.1　自动变量与静态变量

一个自动变量被定义在一个块之内，如函数或一个 for 循环内。它会随着程序执行进入该块时而被指定一块内存存放，并随着离开块而释放内存。

自动变量的相关说明：

（1）自动变量的作用域只限于块本身，即只有在块内部可以使用它。

（2）声明一个自动变量的语法是在变量前方加上关键字 auto，其语法格式如下：

auto 变量数据类型 变量名称=初始值；

（3）由于程序中所使用的变量大部分都是自动变量，因此编译器便把它设置为变量声明的默认值，故 auto 可以省略不写。

（4）使用自动变量之前必须对它进行初始化的操作，以确保程序执行的正确性。因此，在声明时必须赋予其初始值，即使没有特定的想法，也得设置为 0。

（5）如果块呈现嵌套的分布，则外部块中的自动变量可以在内部块中使用，反之则否。

（6）如果内部块定义了与外部块相同名称的变量时，则内部块在使用时是以自己的版本为主。

下面的例子显示出在不同的块中可以拥有相同名称的自动变量，同时在声明时得一并给予初始化。在嵌套的情况下，内部块可以使用外部块的变量，若有重名则内部块使用自己的变量。

【例5-8】

自动变量的作用域。

程序代码如下:

```
01  #include <iostream>
02  using namespace std;
03
04  void functionB ()
05  {  //外部块
06
07      auto int var1=10;
08      cout<<"functionB 函数的局部自动变量 var1 的值是"<<var1<< endl; //结果为 10
09      {  //内部块
10          cout<<"刚刚进入 functionB 函数内部块,仍使用外层的自动变量 var1,值是"
11          <<var1<<endl;      //结果为 10
12          auto int var1=20 ;
13          cout<<"在内部块声明局部变量 var1 后,使用的是内部块自己的 var1,值是"
14          <<var1<<endl;        //结果为 20
15      }
16      cout<<
17  "回到外部块,则内部块新声明的 var1 不起作用,输出 var1 仍为外部块原来的变量,值是"
18      <<var1<<endl;            //结果为 10
19  }
20
21  void main()
22  {
23      int var1=30;
24      cout<<"main 函数的局部自动变量 var1 的值是"<<var1<<endl;  //输出 30
25      functionB();
26  }
```

程序运行结果如图 5-10 所示。

图 5-10　例 5-8 运行结果

本例的主要代码分析如下:

第 7 行:声明自动变量 var1 并赋值为 10,此处的 auto 可以省去,其作用域为整个 functionB()函数。

第 8 行:输出 var1 的值,显示 10。

第 9 行和第 15 行:手动建立一个块,由一对大括号组成。

第 10、11 行:输出 var1,仍识别为第 7 行声明的变量,显示 10。

第 12 行:在块内声明同名变量 var1,赋值为 20。

第 13、14 行:此时再输出 var1,识别为第 11 行新声明的块内局部变量,显示 20。

第 16~18 行:出了内部块层次,第 12 行声明的变量不再有效,输出的 var1 识别为第 7 行的变量,显示 10。

第 23 行:在 main()函数内声明变量 var1,赋值为 30,作用域是 main()函数体。

第 24 行:输出的 var1 是 mian()自己的变量,显示 30。

注意，虽然整个程序有多个地方都声明了变量 var1，但由于每次声明都在不同的块内，因此重名不会引起冲突。若在同一个块内多次声明同名变量则会产生编译错误。

自动变量的生命周期就只限于块执行时，一旦离开块后便在内存中删除了，所以每次执行该块时便会再重新分配一块内存给这个自动变量。

静态变量则不然，当程序第一次执行进入所在的块时，系统会分配一个内存空间给这个变量，然而退出该块时它并不会从内存中删除，到下一回再被执行时系统也不会再为它分配另一个内存，所以它还是继续占用原有的空间并保有原来的值。

静态变量的声明是在变量数据类型的前方加上关键字 static，语法如下：

static 变量数据类型 变量名称=初始值；

静态变量的相关说明：

（1）一个静态变量的生命周期是从第一次执行块开始到程序结束，而初始化只有在第一次执行时才进行。

（2）声明静态变量的程序代码只会被执行一次，因此不必担心其初始值每次都会被重设。

（3）如果在声明时未初始化，编译器会自动将静态变量初始化为 0（数据类型为整数时为 0，为字符时为 ASCII code 的 0，而布尔类型时为 0 或 false）。

（4）静态变量和自动变量一样，其可见性都只限于块本身，所以不能被利用于超出块的范围。

以下的程序代码中，在声明静态变量时并未初始化：

```
void functionA(void)
{
    static int var1;
    auto int var2;
    var1++;
    var2++;
}
```

该代码中，var1 会自动被初始为 0，但 var2 不会被初始化，因此其值将会是个不确定的数。另一方面，每次执行 functionA() 时 var1 便会自动加 1，如此便能轻易追踪究竟调用 functionA() 多少次。但 var2 每次都是"重新"开始，每次调用都与上一次调用无关。由于静态变量有这个能够累加的特性，因此常使用它来作为计数器，在一般程序中如果能够充分利用这一特性，可使程序更具灵活性。

5.6.2　局部变量与全局变量

5.6.1 节所介绍的自动变量与静态变量是根据生命周期不同来分类，本节所介绍的局部变量和全局变量则是针对作用域进行讨论。

局部变量的相关说明：

（1）一个局部变量是指在函数中声明的变量，包括其传入的参数。

（2）一个局部变量可以是自动变量，也可以是一个静态变量，它们的作用域就是函数本身。

（3）全局变量被声明于函数之外，不属于任何一个函数所有，乃是处于一个共享的地位。

（4）一个全局变量可以是静态变量，或是不加任何关键字修饰，但不能加上 auto 字样。

（5）如果不对全局变量进行初始化，编译器将自动初始为 0。

（6）全局变量的作用域是声明后的所有程序，因此可以在其中的任何一个地方被使用，除非在该块也定义了同名称的局部变量，则在块内局部变量有效。

由于全局变量可以随时被更改，所以会被移动作为与其他函数沟通的介质。例如，在下面的程序中，利用全局变量 score 来传递数据：

```
int score=0;
void getGrade()
{
    if(score>=60)
        cout<<"考试及格";
    else if(score<60)
        cout<<"不及格";
}

void main()
{
    cin>>score;
    getGrade();
}
```

在主函数 main()中将输入的值存于全局变量 score 中，之后再调用函数 getGrade()来计算。本程序也可以借着参数达成同样的目的，需要将 getGrade()改写成：

```
void getGrade(int score);
```

之后在 main()函数中输入的值，同样可以经过参数传递至 getGrade(int)中进行处理。

乍看两种写法似乎以使用全局变量较方便，然而实际上这种方便性也为程序的安全性带来很大的漏洞。因为它没有访问的权限，即哪些可以更改、哪些只能读取，所以任一个不相关的函数都可以改变它的数值，造成日后维护上的不易，如果加上程序体积庞大，出问题时就很难找出原因所在。另一方面，由于全局变量的生命周期就是程序本身，所以会一直占用内存，以至于消耗过多的资源而减低执行性能。

如果改以参数来进行传递的工作则不同，由于一个传值参数并不会更改到原始的数据，而传址参数也能让管理者容易掌握更改的途径，所以能增加一些程序的安全性。故强烈建议读者不要轻易使用全局变量。

小   结

本章介绍了函数的编写和使用，主要内容如下：

- 函数是一个代码单元，它有着定义好的功能，一般的程序总是包含大量的小函数。
- 函数定义包括：含有返回类型、函数名和参数的函数头，以及包含有可执行代码的函数体。
- 函数头加上分号，构成函数声明。
- 函数名称加上实参，构成函数调用。
- 通常要先进行函数声明，然后在程序中可以调用函数，后面再提供函数定义。
- 若函数是在前面先给出的函数定义，则可以在其后进行函数调用，可省去函数声明。
- 函数不能嵌套定义，但是可以嵌套调用。
- 函数传送参数是按值传送，传送的是实参的副本，因此函数内的操作不会改变实参本身。
- 给函数传送参数的地址要在形参变量前加上"&"符号，传址参数使得形参实参公用同一个地址空间的数据，因此函数内对数据进行的操作在调用结束后可以通过实参反映出来。
- 为函数的参数指定默认值后，只要参数有默认值，就允许有选择地省略参数。
- 变量根据作用域和生命周期分为局部变量、全局变量，自动变量和静态变量。

在 C++程序设计中，函数的应用十分重要。在后续的章节中还会陆续对它进行更深入的学习，请读者引起重视，在本章多加练习，巩固好函数的基本定义和使用。

上 机 实 验

1. 编写一个函数，带有两个整型参数 x 和 y，函数通过循环计算 x 的 y 次方的值，并输出结果。在 main()函数中多次调用该函数，实现不同的计算，观察运行结果。

2. 改写上面的函数，将计算结果作为返回值进行返回，而不是直接在函数中输出。在 main()函数中，调用函数得到结果后进行输出。注意带有返回值的函数的使用。

3. 编写一个函数，用来验证密码。假设密码是 1234，在该函数中循环要求用户输入密码，若正确则返回 true，否则继续输入密码。连续 3 次输入不正确则返回 false。在 main()函数中调用该函数进行密码验证，通过验证则输出"欢迎登录"，否则显示"登录失败"。

4. 编写一个函数，接收两个整数参数，直到所输入的值在参数指定的范围之内为止。在程序中使用该函数，获取用户的生日，利用函数验证月份、日期和年份是否有意义。最后在屏幕上输出该生日。

5. 根据第 4 章课后的实验与训练指导，将各练习内容要实现的功能抽象定义成函数，在 main()函数中调用函数，完成同样的效果。

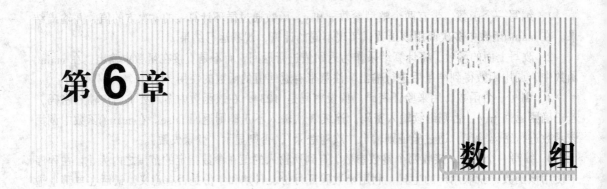

第 6 章

数　组

在同一个程序中，假设有 10 个整数数据类型的变量需要声明，那么在程序里就必须做 10 次声明操作，但当大量变量需要声明时，声明工作就会非常浪费时间。因为重复性高，程序的执行效率也会因此降低。数组的目的就是要解决这种情况。

数组是一个复合数据类型。简单来说，数组就是同种类型数据的有序集合。

学习目标

- 掌握数组的数据结构及特点
- 掌握一维数组的定义和使用
- 了解多维数组
- 掌握将数组作为函数参数的使用
- 掌握字符串的结构和应用
- 综合掌握数组的应用

6.1　理　解　数　组

数组是许多相同数据类型变量的集合，数组也是一种变量，人们可以通过数组对多个同类型变量进行方便地操作。数组在许多大型项目的开发过程中占有举足轻重的地位。数组的好处就是让程序设计师可以为一群变量定义、命名，甚至是声明。

一般而言，使用数组有以下的优点：

（1）缩减程序的编写时间。

（2）精简程序的过程。

可以将数组想象成一个文件柜，之中有许多的抽屉。每个抽屉的大小一模一样，称它为数组的元素。为了区分各个抽屉，将它们分别编号，称这个号码为索引，数组的索引值都是从 0 开始，根据这个号码可以快速地找到数组中的某条数据。数组的大小就是这些抽屉大小的总合，因此在声明数组时必须先设置有多少个抽屉及一个抽屉容量有多大，如图 6-1 所示。

图 6-1 中描述了一个包含 10 个元素的一维数组的结构。一般而言，当程序中出现多个相同作用的变量时，可以使用数组将它们一次声明完毕，同时在使用上也可以减少错误的发生。

数组必须经过声明和初始化赋值之后才能使用。

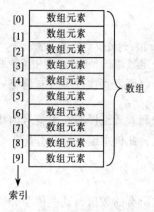

图 6-1 数组的组成结构

6.2 一维数组

在数组的使用上用到"维"的概念，所谓的"一维"数组是指它的元素索引是由一个数字组成的，可理解为"线性"结构。

一维数组经过声明、初始化赋值，就可以使用了，首先来看一下数组的声明。

6.2.1 一维数组的声明

声明数组时有两种信息要告知编译器：数组元素个数及数组元素类型。

声明一维数组的语法格式如下：

元素存储类型 数组名[数组元素的个数]；

 注 意

- 数组元素的个数必须是常量值，不能使用变量。
- 数组元素的个数必须是无符号整型值，绝对不可以是 0、负数、浮点数，因为它们违反了数组的定义。

例如，声明一个有 30 个元素，每个元素为一个整型类型（int）的数组，其语句为

```
int Array1[30];
```

其中，Array1 是这个数组的名称，可以替换为其他符合命名规则的名称。名称后接一对中括号，在 C++的程序中，凡是变量名称后有中括号都代表着数组的意思。中括号中的值则代表这个数组共有多少个元素。本例中为 30，故代表有 30 个元素，其编号是由 0 开始到 29 结束，所以程序执行时系统会分配一个足以容纳 30 个整数数据的内存空间给这个数组。

6.2.2 一维数组的初始化

和其他的变量一样，当数组声明完毕时也需要对它的各项元素进行初始化操作。由于数组是由许多同类型的元素构成的，所以如果未经初始化，其下所有元素的值都会呈现未定义的状态，使用时会造成许多不可预期的错误，因此初始化操作必须对每个元素单独进行。

如果数组有 n 个元素，其初始化的大括号内就需要填入 n 个初始值，语法格式如下：

```
type name[n]={元素[0]的值,…,元素[n-1]的值};
```

例如：

```
int grade[5]={10,20,30,40,50};
```

而下列的语法是错误的：

```
int grade[5]=60;
// 错误！因为编译器无法将 60 对应到数组中的任一值
```

若在声明数组的同时就能够确定数组的所有元素内容，那么还可以使用行初始化的另一种方式：声明时省略中括号内的元素个数值，直接在等号右侧将一系列初值给出。例如：

```
int grade[]={97,95,100,60,75};
```

以上程序代码可知数组有 5 个元素。编译器在中括号内找不到任何数字，但它会按所给予的初始值个数判断数组中有几个元素，此例中编译器会分配一个足以容纳 5 个整型类型的内存空间给这个数组。

数组初始化应相关注意：

（1）等号右侧使用大括号包住所有的数值，这些值会分别对应到数组中的各个元素。

（2）如果给予的初始值个数小于 n，表示数组中后几个元素将没有值可以对应，此时 C++的编译器将贴心地将这些没有对应到的元素给予初始值 0，无论它的类型是整数、浮点数、字符、布尔，都是如此。若它为字符类型时是设其 ASCII 码为 0，而为布尔类型时则是设为 false(=0)状态。

（3）如果一次给予超过 n 个数的初始值时，在编译时将会产生错误信息，因为编译器将不知道该如何处理这些多余的初始值。

（4）当给予一个数组的初始值太多时，为了方便日后阅读程序代码，可以在这一长串初始值的逗号处加以分行。例如：

```
char Table[26]={'a','b','c','d','e',
                'f','g','h','i','j',
                'k','l','m','n','o',
                'p','q','r','s','t',
                'u','v','w','x','y','z'
                };
```

总而言之，在声明一个数组时必须告诉编译器它会占用多大的内存空间，无论在中括号内给予元素的个数，或是给予同样个数的初始值皆可。一般而言，第一种方法较常用，因为这种表示法比较明确，不必再去计算总共给了多少个初始值。

6.2.3　一维数组元素的使用

对数组进行使用就要操作数组中的元素，访问一个元素的语法如下：

数组名[索引值]

例如，在 6.1.2 节中声明了一个有 26 个元素的数组 char Table[26]，在访问时便是以 Table 为开头，之后再加上中括号与索引值。需要注意的是，索引值是由 0 开始计算，所以 Table[0]代表的是 table 数组中的第 1 个元素，即字母 a，而 Table[25]代表的则是第 26 个元素，即字母 z。

数组使用时应注意：

（1）数组在使用时，并不能通过数组名称直接代表所存的数据。这是因为数组名称代表着数组的首地址。

例如，有一个整数数组名为 array1，该数组中存放了 10 个 0。若输出"cout <<array1;"，结果将会显示一长串十六进制的数字。这是因为 array1 本身所存储的并不是数组的内容，而是一个内存地址。这个地址所代表的是该数组开始占用内存的地方，之后编译器便可以借着这个地址找到数组中的所有数据。

（2）进行任何运算都只是对数组的元素，而不是它本身。例如，将数组 array2[]中的数据复制到数组 array1[]时不能写成"array2 = array1;"，因为等号左侧要求是个变量，而 array2 只是一个地址数值而已。

（3）在比较两个数组时也不能写成：

```
if(array1==array2)
{
    cout<<"两数组相等!!";
}
```

这样虽然不会产生错误信息，但是得到的结果并不会是人们所预期的。因为它并非是在比较两个数组中的值，而是在比较这两个数组在内存中的起始地址是否相等。

（4）如果访问超出索引值范围将会得到一个无法预期的数值，这种做法非常危险。因为它所更改的可能是另一个变量所在内存位置而造成严重的错误。

例如，上述提到的数组若访问 Table[26]、Table[30]，都是错误的。但是，C++的编译器并不会阻止这种做法，也就是说即使在编译时成功并不代表程序一定没有问题。这种访问到非法局部的情形很难被察觉到，因此在设计程序时一定得格外注意才是。

可以看出，在对数组进行任何运算时都要针对它们的元素进行。

【例6-1】

数组的声明、初始化和数组元素的使用。

本例中将比较未给予初值、部分给初值及访问超过索引值时所得到的不同结果，程序代码如下：

```
01  #include <iostream>
02  using namespace std;
03
04  void main()
05  {
06      int i;
07      const int studentNum=5;
08      int ID[studentNum];
09      int grade[studentNum]={10,20,30};
10
11      cout<<"数组 ID 尚未初始化，直接输出数组元素为无法预测的一些数值。如下: "<<endl;
12      for(i=0;i<studentNum;i++)
13      {
14          cout<<"ID["<<i<<"] = "<<ID[i]<<endl;
15      }
16      cout<<endl;
17      cout<<"数组 grade 初始化赋了前三个元素值，后两个元素默认为 0。"<<endl;
18      cout<<"输出时使用了下标为 5 的数组元素超出数组的范围。如下: "<<endl;
19      for(i=0;i<=studentNum;i++)
20      {
21          cout<<"Grade["<<i<<"] = "<<grade[i]<<endl;
22      }
23      cout<<endl;
24  }
```

程序运行结果如图 6-2 所示。

图 6-2　例 6-1 运行结果

本例的主要代码分析如下：

第 7 行：以一个整数常量存储数组的大小为 5。

第 8 行：声明一个大小为 studentNum 的数组 ID，未给予初值。

第 9 行：声明一个大小为 studentNum 的数组 grade，只给予前 3 者初值。

第 12～15 行：显示数组 ID 内所有元素的值。

第 19～22 行：显示数组 grade 内所有元素的值及一个超范围值。

对比程序的运行结果可以看到，程序声明两个数组 ID[]、grade[]，其中，ID[] 是在 main() 函数中的自动变量，因此若未给予初值，则它将会存储一个无法预测的值。请读者回想上一章介绍变量的种类时所提到的，如果本例中 ID[] 被声明为静态变量或全局变量，则即使不给予初始化，C++ 的编译器也会自动给予 0 的初值。而在声明 grade[] 时只给予前 3 者，即 grade[0]、grade[1] 和 grade[2]，其他的部分编译器会自动设为 0。

在显示数组 ID[]、grade[] 的内容时都使用 for 循环。由于 ID[] 的索引值是由 0 开始，一直到 studentNum−1 结束，故该循环的起始值是 0，而条件应设为（i < studentNum）才是。在第二个循环中由于将循环条件设成（i <= studentNum），所以会让程序访问到超出其范围的内存空间，结果将会是个未知数。请注意即使有这个潜在问题，本程序还是能照样执行，读者可以想象假设未发觉这个问题而继续使用时可能带来的严重后果，因此在编写类似的程序时必须特别注意。

本程序中还有另一个值得注意的地方，即凡是声明数组元素的个数都是直接读取常量 studentNum 中的值，这么做能增加程序的可读性并简化之后的维护工作。因为数组的使用通常都会伴随着 for 循环，而该循环的继续条件也通常是数组的大小。因此，如果想要增加数组元素的个数，只需要更改这个常量值即可，如此便能减少错误可能发生的机会。

由程序也可以看出，为了将数组中的元素一一取出做运算，程序通常都会将它和 for 循环一起搭配使用。例如，将 array1[10] 复制至 array2[10] 时可以写成：

```cpp
for(int i=0;i<10;i++)
    array2[i]=array1[i];
```

而在比较两者时也可以利用 for 循环，如下所示：

```cpp
bool equal=true;
```

```
for(int i=0;i<10;i++)
  if(array1[i]!=array2[i])
  {
    equal=false;
    break;
  }
```

至此可以了解，数组运行的核心是在其元素而非其本身。请各位读者将这一点铭记在心。在第 8 章介绍指针时将会再对数组与内存地址的关系作更深入的探讨。

6.3 多维数组

6.1 节中介绍了一维数组的概念。二维及二维以上的数组都统称为多维数组，它的用法和一维数组非常类似，只不过一个 n 维数组需要 n 组的索引值才能分辨其所有的元素。

多维数组可以看做嵌套数组，也就是数组中的元素就是一个数组。

本节将以二维数组为例，说明多维数组的一些共同特性。

6.3.1 二维数组的声明

二维数组声明的语法格式如下：

元素类型 数组名[a_1][a_2];

与一维数组声明一样，其中的 a_1 与 a_2 必须为常量无符号整型值，而这个数组中将有 $a_1 \times a_2$ 个元素。若想在声明时对元素进行初始化的操作，也其语法也类似一维数组：

元素类型 数组名[a_1(可省略)][a_2]=
{
{$X_0Y_0, X_0Y_1, X_0Y_2, ..., X_0Y_{a2-1}$},
{$X_1Y_0, X_1Y_1, X_1Y_2, ..., X_1Y_{a2-1}$},
...
{$X_{a1-1}Y_0, X_{a1-1}Y_1, X_{a1-1}Y_2, ..., X_{a1-1}Y_{a2-1}$}
};

这个初始化的表示法很明显地就可以看出二维数组是一个嵌套数组的结构。

二维数组初始化的相关说明：

（1）这里由于给定了初始值，所以 a_1 可以省略不写，编译器会根据之中大括号的数目自动去找出第一个上限值。

（2）由于编译器不会继续去算每个大括号中有几个元素，因此 a_2 不能省略。

（3）给予的初始值少于总元素的值时，则编译器会将没有对应到初始值的元素设为 0。

（4）如果给予过多的初始值在编译，则会出现错误信息。

上述格式中 X_0 就代表在数组 X（横轴）中索引值为 0 的位置，Y_0 就是数组 Y（纵轴）中索引值为 0 的位置，两者配在一起就能精确地对应到该元素了。例如：

```
int array[3][3]=
{
  {0,1,2},
  {3,4,5},
  {6,7,8}
}
```

其中，0 就对应到索引编号为(0,0)的元素，即 array[0][0]，而 8 则对应到索引编号为(2,2)的元素，即 array[2][2]。

若推广到 n 维数组，也是相同的道理，其声明语法如下：

元素类型　数组名[a_1][a_2][a_3]…[a_n];

此数组将拥有 $a_1 \times a_2 \times a_3 \times \dots \times a_n$ 个元素，而 $a_1 \sim a_n$ 也要遵守为常量无符号整型值的原则。至于对 n 维数组的初始化过程，就留给读者自行思考。

6.3.2　二维数组元素访问

二维数组在访问数据时，必须使用到两组的索引值才能正确地指到该数字。它的语法结构也与一维数组类似，不过要使用两组的中括号，如下所示：

数组名[索引值 i][索引值 j]

若该二维数组为 $a_1 \times a_2$ 的大小，则该索引值的范围是：

$0 \leqslant i \leqslant a_1 - 1$(共 a_1 个值)

$0 \leqslant j \leqslant a_2 - 1$(共 a_2 个值)

如果程序访问到超出这个范围的数值时，如输入 array[a_1][a_2]，编译器并不会提出警告，因此很有可能发生不可预期的错误，在使用上必须注意。

由于计算机的内存地址编号是采取一维的方式，因此存储二维数组时会做一些转换操作，称为行优先。行是横向的，采取行优先的时候内存会先存储完一整行的信息后再进行到下一行。

【例6-2】

二维数组元素的使用。

本例中使用一个大小为 3×5 的二维数组存储学生 5 次的考试成绩，程序分别取出二维数组里的元素值，再经过累加之后列出总成绩。程序先将 3 位学生成绩放在二维数组当中，接着在根据数组的方式逐一计算学生 5 科考试的成绩。程序代码如下：

```
01    #include <iostream>
02    using namespace std;
03
04    void main()
05    {
06
07        //初始化二维数组 student_score
08        int student_score[3][5]=
09        {
10            {26,85,41,65,90},
11            {70,65,20,45,80},
12            {35,68,48,92,25},
13        };
14        int i,j;
15        for(i=0;i<3;i++)
16        {
17            int score=0;
18            for(j=0;j<5;j++)
19            {
20                score+=student_score[i][j];
21            }
22            cout<<"第"<<i+1<<"个学生的总分为: "<<score<<endl;
23        }
24    }
```

程序运行结果如图 6-3 所示。

图 6-3　例 6-2 运行结果

本例的主要代码分析如下：

第 8～13 行：声明一个二维数组 student_score，拥有 3×5=15 个元素，其数据类型为整数。声明的同时初始化赋值，将成绩保存在各数组元素中。

第 14 行：声明整数类型变量 i 与 j，用来作为循环控制。

第 15～23 行：利用两个 for 循环来访问数组中的元素，并分别计算 3 个学生的总成绩。

本程序使用两个 for 循环配合数组的运算。在外层的 for 循环及变量 i 负责代换不同学生，而内层循环则负责访问学生的 5 次成绩。在外层循环中声明一个局部变量 score，用来存储学生的总成绩，它的初始值为 0，故每当计算完一个学生的成绩，执行一次循环时 score 都会被重设为 0，就可以避免发生总成绩是累加上个学生成绩的情况。而内层的 for 循环则是针对一个学生计算其各科成绩的总和。最后将这个成绩输出至屏幕上。

程序中将学生成绩放入二维数组中，再通过循环的方式计算学生 5 科考试的总和，其中所使用的是声明起始化的方式，所以成绩都是写在程序中的。为了增加程序使用的灵活性，可以通过 cin 的方式让用户输入学生的成绩，然后通过读出各个元素的方式来计算总分，这就留给读者自行练习。

以上是对于二维数组元素的访问，至于其他多维数组也是类似的情况。再次提醒一下，每个索引值的范围都是由 0 到其元素的个数减 1，如果超出了这个范围，将不会有任何错误信息，但却随时可能出错。

6.4　将数组作为函数参数

数组也可以像变量一样以参数的形式被传入函数中。由于数组本身只是一个内存地址，因此在使用上就与其他的变量有些不同，其规则如下：

（1）若使用数组作为函数的参数，则形参处数组只需要写类型和中括号 "[]"，中括号内不必写数字。

（2）作为对应，函数调用时的实参数组只写数组名称。当然，前提是该数组已经声明和初始化，能够进行使用。

首先来看参数为一维数组的声明：

```
int functionA(int[]);
```

中括号 "[]" 代表这个参数是个数组，由于数目只有一个，所以是个一维数组；int 代表这个数组的元素是以整型类型来存储的。请注意中括号内并没有传入该数组的元素数量。

在使用这个函数时括号内只需要填入数组名即可，例如：

```
int array1[10]={0};
functionA(array1);
int array2[20]={3,4,5,6,7};
functionA(array2);
```

请注意在上例中即使 array1 与 array2 的元素个数不同，也都可以作为 functionA 的参数传入。不过由于 functionA()中不知道这个参数究竟有多少元素要处理，因此更常用的写法是另外设一个参数来存储它。例如：

```
int functionA(int[],int);
```

第二个参数记录了第一个参数中元素的个数，以供函数内部使用。如果不这么做，一旦让函数用同样的方法处理传入的参数，后果将不堪设想。

现在将这个参数扩展到 n 维数组，它的语法和概念还是一样，如下所示：

返回值类型 函数名称(数组类型[][a2][a3][a4]..[an]);

其中，$a_2 \sim a_n$ 代表的是各个索引值的个数。

与一维数组相同的是，第一个中括号内的数字可以被省略（加上数字也不会有影响），但是其他中括号中的数字则不能省略。

【例6-3】

二维数组作函数参数的使用。

本例中，使用了两个 3×5 的二维整数数组，分别记录二次期中考试 3 位学生的语文、英语、数学、地理、化学 5 科成绩。将这两个数组作为参数传给函数后，函数会对它的每个元素进行汇总的操作，最后再存储到另一个数组中。程序代码如下：

```
01  #include <iostream>
02  using namespace std;
03
04  const int studentNum=3;
05  const int testNum=5;
06
07  void sum(int[],int[][testNum],int[studentNum][testNum]);
08  void main()
09  {
10
11      int i=0;
12      int grade1[studentNum][testNum]=
13      {
14          {90,90,90,90,90},
15          {70,65,20,45,80},
16          {35,68,48,92,25}
17      };
18      int grade2[studentNum][testNum]=
19      {
20          {80,80,80,80,80},
21          {70,27,77,55,23},
22          {96,76,48,92,25}
23      };
24      int total[studentNum]={0};
25      sum(total,grade1,grade2);
```

```
26       for(i=0;i<studentNum;i++)
27          cout<<"第"<<i+1<<"个学生的总分是 "<<total[i]
28       <<"，平均是 "<<total[i]/10<<endl;
29   }
30
31   void sum(int total[],int grade1[][testNum],int grade2[][testNum])
32   {
33       for(int i=0;i<studentNum;i++)
34          for(int j=0;j<testNum;j++)
35             total[i]=total[i]+grade1[i][j]+grade2[i][j];
36   }
```

程序运行结果如图 6-4 所示。

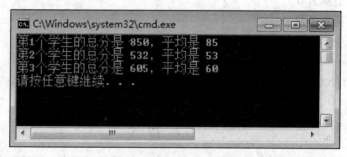

图 6-4　例 6-3 运行结果

本例的主要代码分析如下：

第 4、5 行：定义数组的两个上限值。

第 7 行：函数 sum() 的声明，共有 3 个整数数组类型的参数。

第 12~17 行：（3×5）数组 grade1[]，记录第一次期中考的成绩。

第 18~23 行：（3×5）数组 grade2[]，记录第二次期中考的成绩。

第 24 行：数组 total[]，记录总分，初始值为 0。

第 25 行：调用函数 sum() 进行汇总。

第 26~28 行：进行汇总的操作。

第 31~36 行：定义函数 sum()，利用两个 for 循环进行汇总。

在本程序中，为了使程序更具结构性，将进行汇总的操作另外写成一个函数 sum()。由于汇总的两个来源 grade1[] 和 grade2[] 和目的地 total[] 都只是主函数 main() 中的局部变量，为了让函数 sum() 也能读取到它们，因此将它们作为参数传入。由于传入数组会自动以传址的方式，所以在函数中更改数组 total[] 的元素值也会一起影响主函数中的函数体。

在 sum() 函数声明的过程中，第一个参数是个一维数组，所以可以不写它的元素个数；第二个参数是个二维数组，所以可以省略第一个中括号内的值而必须传入第二个中括号的上限值；第三个参数与前者一样也是二维数组，不过在此做了个实验：函数声明时将第一个上限值传入，而定义时则否，发现它在编译和执行上都正确无误。可见编译器并不会去管第一个上限值是多少，因此可以大方地省略不写。

也许读者会有疑问，为什么将数组 total[] 作为函数 sum() 的一个变量传入呢？若直接使用返回一个数组的方式不是更简明吗？很可惜，由于返回在函数中所声明的数组，就得返回一个内存地址，而此数组是个局部变量，所以一旦函数执行完毕，它的内存地址也会一起释放，所以无法返回。因此在处理这类问题时，常常把要存放的目的地设为全局变量来完成。

在此，将目前介绍过的概念，数组的中括号何时要有值、何时可以省略整理如下：

（1）数组声明时：

- 如果不给予初始值，就得声明其元素的数目。

  例如，"int array1[100] ;"就包含 100 个元素。

- 如果给予初始值，则中括号内的数字可以省略，而该数组的元素数目会等于所给予初始值的数目。

  例如，"int array2[] = { 100 , 80 , 70 } ;"等于声明了一个有 3 个元素的数组。

- 如果将两者合并，则以中括号内的数为主。

  例如 "int array3[100] = {100 , 80 , 70};"就表示该数组有 100 个元素，前 3 个元素有初始值，其余元素的值则为 0。

（2）数组作为函数参数时：

数组的第一个中括号内的数字可以省略，而其余则否。

例如，"void functionA (int [][100][200]) ;"，编译器将不会限制所传入的是 array4[50][100][200]，还是 array5[30][100][200]。

6.5　字　符　串

简单地说，字符串就是一长串的字符。由于字符串的使用率很高，因此后来 C++ 又为它专门定义一个新的处理方式：String 类，而将之前以数组表示的字符串称为 C-string，意思就是"C 语言所用的字符串"。首先来学习与数组有关的 C-string。

6.5.1　使用字符数组表示字符串

字符串数组的初始化：

char 字符串名称[最大字符数目+1(可省略)]="字符串内容";

C++中，凡是遇到字符串时都是使用**双引号**将它们。

示例：char myString[7] = "Sunday";

请注意：

（1）在声明时，所规定最大字符数一定要比实际输入的字符数多 1 位以上。

这是因为编译器在处理字符数组时会在之后加上一个终止符\0（即 ASCII code 为 0 者），这个终止符的目的就是在告知编译器这个字符串已经完结的信息，因此必须留出一个空间存储它，否则在编译时会产生错误。

（2）如果初始化设置最大字符数，而初始值又小于它时，编译器除了会在其后填入一个终止符外，会将它没有被初始化的部分填入 0，也就是终止符。

例如，声明一个字符数组为

char Cstring1[10]="hello";

由于加上\0 后 "hello\0" 的长度仍不到 10，因此编译器将它之后的 4 个字符初始为 0，这个数组就变成 "hello\0\0\0\0\0" 了。

（3）初始化时通常会将中括号中的数字省略，让编译器直接用初始值的长度来判断该数组的大小。

使用字符数组可以直接存储用户输入的完整字符串，这是其独特的使用方式。而其他类型的数组要存储输入的数据必须对数组元素一个个分别存储。

语法如下：

```
cin>>字符数组名；
```

之后用户输入的字符串便会依次存入这个数组中了。

由于程序无法限制用户能输入的字符串长度，因此有可能会出现数据超出数组范围的情况。例如，使用 cin 输入一个声明为 10 个字符长度的数组，当用户输入的范围小于 9 个字符时都不会有问题，然而当输入一个有 25 个字符的字符串时，位于第 10 个以后的元素以字符值存入时，很有可能会访问到一些重要数据所在的内存地址而让程序发生不可预期的错误。

与输入字符串类似，C++也提供输出字符数组时的简洁语法，如下所示：

```
cout<<字符数组名；
```

cout 会一直显示到终止符为止。

通过本节中介绍的字符数组的特点可知，字符数组的确与众不同。然而这并不表示它的使用没有限制，例如以下的语法仍然是错误的：

```
char cString1[10];
cString1="illegal";
```

因为字符数组仍保有数组的特性，数组名称是该数组的起始地址，因此不可以这样赋值，必须将两句合并成一句，在声明的同时初始化。读者在使用上一定要多加留意。

6.5.2 字符串的使用

由于字符数组的名称本身只是一个内存地址，因此无法用很简便的语法加以运行。例如，复制一个字符串到另一个时不能写成：

```
char cString1[10]="source";
char cString2[10];
cString2=cString1;
```

最简明的方法也得使用 for 循环，一个个复制才行。例如：

```
for(int i=1;i<10;i++)
 cString2[i]=cString1[i];
```

但是，由于字符数组的使用机会很多，所以 C++为处理这些操作提供了一些函数，它们被定义在 string.h 文件中。由于 iostream 中已经包含这个文件，因此可以用"include <iostream>"表示即可。

常见的字符数组运行有字符串复制、字符串连接、计算字符串长度及字符串比较，C++分别以 strcpy()、strcat()、strlen()及 strcmp()来处理，下面分别介绍。

（1）字符串复制。其语法结构如下：

```
strcpy(char[],const char[]);
```

这个函数的名称即 string copy 的简写。它有两个字符数组类型的参数，前者为目的地，后者为来源。后者特别加上 const 关键字来保证它不会在函数中被更改。进行复制时会将第二个参数中的元素复制到第一个参数的对应索引位置中，故其内容将被覆盖。

虽然没有明确规定两个字符串的长度要一样，不过在使用时最好是由相等或较短的字符串复制到较长的另一个，以免复制到其他资源所使用的内存而发生错误。

使用示例：

```
char string1[]="abcdefg";
char string2[]="1234"
strspy(string1,string2);
```

经过复制过后的 string1 中将存储 1234，string2 的内容不变。

（2）字符串连接。其语法结构如下：

```
strcat(char[],const char[]);
```

这个函数的名称即 string concatenate 的简写。它有两个字符数组类型的参数，前者为目的地，后者为来源。后者特别加上 const 关键字来保证它不会在函数中被更改。进行结合时会将后者的元素复制到前者第一个 "\0" 以后的地址。例如：

```
char string1[]="abcdefg";
char string2[]="1234"
strcat(string1,string2);
```

则连接后的 string1 内容为 abcdefg1234。

（3）字符串长度。其语法结构如下：

```
int strlen(const char[]);
```

这个函数的名称即 string length 的简写。它只有一个参数，即要被用来计算字符串长度的来源。该参数前加上 const 关键字来防止更改到原本的字符串。函数返回一个整型类型的值，即该字符的长度。例如：

```
cout<<strlen("12345");
```

则得到的结果为 5（因为终止符 "\0" 并不会被计算在内）。

（4）字符串比较。其语法结构如下：

```
int strcmp(const char[],const char[]);
```

这个函数的名称即 string compare 的简写。它有两个参数，分别代表要比较的两个字符串。由于函数并不会对字符串进行更改的操作，因此加上 const 关键字。这两个字符串可以是不同长度，在进行比较时，是由索引值较小者开始比较该位置字符的 ASCII 值。如果结果是前者较大，返回1；如果后者较大，返回-1；如果一样大则继续向后比较，一直到两字符串都比较完毕而且一样大时，便返回 0。例如：

```
char string1[]="ABC";
char string2[]="ABCD";
strcmp(string1,string2);
```

首先会比较索引值[0]者，发现都是 A，因此继续比较 B 和 C，又发现它们是相同的。一直到比较索引值为[3]者，此时 string1 已结束，故视其 ASCII code 为 0，由于 string2 较大，因此函数最后会返回-1。

【例6-4】

字符串函数的使用。

本例将利用以上介绍的前两个函数进行一个字符串数组复制的操作。程序代码如下：

```
01  #include <iostream>
02  using namespace std;
03
04  const int N=80;
05
06  void main()
07  {
08      char str1[N],str2[N];
09      char str[N];
10
11      cout<<"请输入字符串一: ";
12      cin>>str1;
13      cout<<"请输入字符串二: ";
```

```
14    cin>>str2;
15
16    cout<<"----------------------------------------------\n";
17    cout<<"第一个输入的字符串为(str1): "<<str1<<endl;
18    cout<<"第二个输入的字符串为(str2): "<<str2<<endl;
19
20    cout<<"----------------------------------------------\n";
21    strcpy(str,str1);
22    strcat(str,str2);
23    cout<<"两个字符串的连接为(str1 and str2): "<<str<<endl;
24  }
```

程序中声明了两个字符数组，在让用户输入后，会将两个数组合并。程序运行结果如图 6-5 所示。

图 6-5　例 6-4 运行结果

本例的主要代码分析如下：

第 1 行：包含 iostream 即包含 string.h。

第 4 行：定义整数常量 N，表示字符数组的最大个数，包含空格符。

第 8、9 行：声明 3 个字符数组。

第 11～14 行：要求用户输入两个字符串。

第 16～18 行：将用户输入的字符串输出。

第 21 行：把第一个用户输入的字符串复制到 str[]字符数组。

第 22 行：把 str2[]的内容连接到 str[]的后面。

第 23 行：将合并的结果输出在屏幕上。

程序通过 strcpy()函数将 str1 复制到 str 中，接着再通过 strcat()函数，让复制下来的 str 与 str2 做连接操作。由于 3 个字符数组在声明时都先声明它最长的长度为 79 个字符，所以在执行字符串的复制及连接时只要不超过 79 就不会发生错误。

6.5.3　string 类

使用字符数组来表示字符串并不是一个很安全的作法，C++中提供了另一种用来表示字符串的方法，称为 string 类。

类是 C++中面向对象概念的精髓，在本书的第 11 章会对它进行具体介绍，本节只讨论 string 类的使用方法，等到读者学习到类的结构时会有更深刻的了解。

string 类可以看做一个专门为字符串量身定做的数据类型，它被定义于头文件 string 中，所以在使用之前必须执行 include 的操作。它的声明、运行都和一般的数据类型极为类似，所以在使用上也更为直观。

string 类的字符串允许以下 3 种的声明方式：

```
string 字符串名称;
string 字符串名称="字符串的初始值";
string 字符串名称("字符串的初始值");
```

第一种声明中，只声明了一个字符串而未加以初始化，不过在内部会自动初始化为一个空字符串。另外两种声明法都是同时给予一个初始值，其中第三种是声明类字符串时特殊的初始方式。

读入字符串：

```
cin>>string 变量名称;
```

同样的，cin 只会读到一个空格符或是换行字符便停止。

输出字符串：

```
cout<<string 变量名称;
```

当使用 string 类时不必去考虑这个字符串中究竟有多少个字符，会不会超过原来所设置的上限等，一切都交给 string 类内部去处理，而用户只需要注意如何去使用就好了。

利用 string 类所形成的字符串在更改时十分方便，只需要重新赋值即可：

```
string string1="old string";
string1="new one";
```

不同 string 类字符串间的复制操作和其他基本类型的变量复制在语法上极为相似，语法如下：

```
目的字符串=来源字符串;
```

它使用的也是通过赋值符号将后者的内容指定给前者。因此，使用上就和其他类型的变量一样方便。例如：

```
string string1="ABCD";
string string2;
string2=string1;
```

程序会将 string1 中的 ABCD 复制到 string2 中，完成复制的操作。

string 类字符串在连接时只需要直接使用相加符号（+）即可，格式如下：

```
目的字符串=字符串 1+字符串 2;
```

如果要将两字符串连接后的结果存储于本身时，就像一般在做整数运算时，可以使用符号（+=）来进行，语法如下：

```
字符串 1+=字符串 2;
```

执行的结果就相当于将字符串 1 和字符串 2 相加后，再将结果存回字符串 1 中。例如：

```
string string1="ABCD";
string string2="EFG";
string1+=string2;
```

最后，string1 中就会存储 ABCDEFG 了。

使用 string 类时，两个字符串的比较就像在比较两个整数一样，可以写成：

```
string string1="ABC";
string string2="123";
if(string1==string2)
  cout<<"一样大!!";
else if(string1>string2)
  cout<<"string1 比较大!!";
else if(string1<string2)
  cout<<"string2 比较大!!";
```

当然，还可以使用其他的符号，如不等于（!=）、大于等于（>=）、小于等于（<=）等都可以应用在 string 类字符串的比较上。

【例6-5】

string 类字符串的相关操作。

程序代码如下：

```
01  #include <iostream>
02  #include <string>
03  using namespace std;
04
05  void main()
06  {
07      string str1,str2,str;
08
09      cout<<"请输入第一个字符串: ";
10      cin>>str1;
11      cout<<"请输入第二个字符串: ";
12      cin>>str2;
13
14      cout<<"--------------------------------------------------\n";
15      cout<<"第一个输入的字符串为(str1): "<<str1<<endl;
16      cout<<"第二个输入的字符串为(str2): "<<str2<<endl;
17
18      cout<<"--------------------------------------------------\n";
19      str=str1;
20      str+=str2;
21      cout<<"连接两个字符串(str1 and str2)之后为: "<<str<<endl;
22
23  }
```

本程序和之前使用字符数组的范例进行的是同样的工作，会将用户输入的两个字符串合并后输出在计算机屏幕上。程序运行结果完全一样。

本例的主要代码分析如下：

第 2 行：include 头文件 string，其中包含对于 string 类的相关声明。

第 7 行：声明 3 个字符串对象：str1、str2、str。

第 9～12 行：要求用户输入两个字符串，并将用户输入的字符串存放在字符串对象 str1、str2 中。

第 14～16 行：将用户输入的字符串输出到屏幕上。

第 19 行：将字符串 str1 的内容指定给 str。

第 20 行：将字符串 str 的内容加上 str2 的内容再存回 str 中。

第 21 行：将连接后的字符串输出至屏幕。

由本程序可知，使用 string 类来表示字符串不但能让程序更为易懂，同时也能增加程序的稳定性，不会因为用户输入过长的字符而发生错误。这些特点也是 C++中类的共同特性，在第 11 章中将会详细解释类的定义。

6.6　数组的应用

数组在程序的应用上极为广泛，本节将介绍数组的一些典型应用。

6.6.1 排序

数组能让用户将很多相同类型的数据存储于其中，例如学生的成绩，如果让它杂乱无章地排列着，之后在查找数据上将耗费非常多的时间。因此为排序发明了许多的算法，其中不乏非常复杂的演算过程，只为求得较快的效率。本节将介绍其中最简单的算法——"冒泡排序法"。

冒泡排序法的原理是将数组当做一个直立的结构。在上方的元素索引值较小，在下方则较大。由于在排序过程中总是小数往前放，大数往后放，相当于气泡往上升，所以称为冒泡排序。其排序的基本概念是：依次比较相邻的两个数，将小数放在前面，大数放在后面。即在第一趟：首先比较第一个和第二个数，将小数放前，大数放后。然后比较第二个数和第三个数，将小数放前，大数放后，如此继续，直至比较最后两个数，将小数放前，大数放后。至此第一趟结束，将最大的数放到了最后。在第二趟：仍从第一对数开始比较（因为可能由于第二个数和第三个数的交换，使得第一个数不再小于第二个数），将小数放前，大数放后，一直比较到倒数第二个数（倒数第一的位置上已经是最大的），第二趟结束，在倒数第二的位置上得到一个新的最大数（其实在整个数列中是第二大的数）。如此下去，重复以上过程，直至最终完成排序。如果数组有 n 个元素，则总共需要进行 n 回合，之后便能完成排序的操作，其流程如图 6-6 所示。

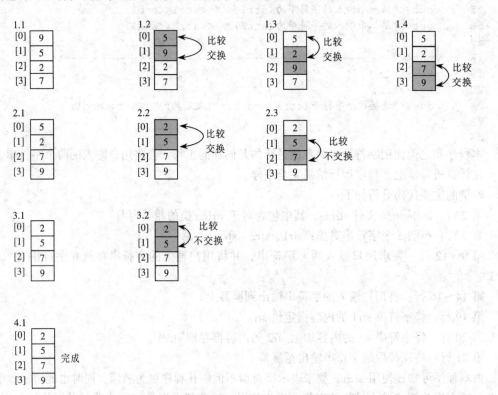

图 6-6　冒泡排序法的流程，最小值"上浮"，最大值"下沉"

【例6-6】

数组实现冒泡排序法。

首先让用户输入 5 个数字分别存于一个数组中，之后使用两个循环及一个 top 值来控制比较的次数。排序完成后输出到屏幕上。程序代码如下：

```
01    #include <iostream>
02
03    using namespace std;
04
05    const int SIZE=5
06
07    void bubbleSort(int[]);
08
09    void main()
10    {
11        int score[SIZE];
12        int i;
13        cout<<"请输入五个整数，每输入一个按下【Enter】继续: ";
14        cout<<endl;
15        for(i=0;i<SIZE;i++)
16        {
17            cout<<"第 "<<i+1<<"个为: ";
18            cin>>score[i];
19        }
20        bubbleSort(score);
21        cout<<"排序后的结果为 >";
22        for(i=0;i<SIZE;i++)
23            cout<<score[i]<<" ";
24        cout<<endl;
25    }
26
27    void bubbleSort(int score[])
28    {
29        int tmp;
30        for(int i=SIZE-1;i>0;i--)
31        {
32        for(int j=0;j<i;j++)
33        if(score[j]>score[j+1])
34            {
35                tmp=score[j];
36                score[j]=score[j+1];
37                score[j+1]=tmp;
38            }
39        top++;
40        }
41    }
```

程序运行结果如图 6-7 所示。

本例的主要代码分析如下：

第 5 行：定义常量变量 SIZE 等于 5，此常量变量表示数组的个数上限。

第 11 行：声明一个数组 score，拥有 5 个元素，其数据类型为整数。

第 13 行：输出信息要求用户输入 5 个整数。

第 15～19 行：读取用户输入的 5 个整数，并把这 5 个元素存入数组 score[]中。

第 20 行：调用函数 bubbleSort()，并传入数组 score[]当做参数。

第 22、23 行：输出排序结果。

第 27 行：开始定义函数 bubbleSort()。

第 30 行：外部循环，控制交换起始与终止位置。

第 32 行：内部循环，控制单次交换次数。

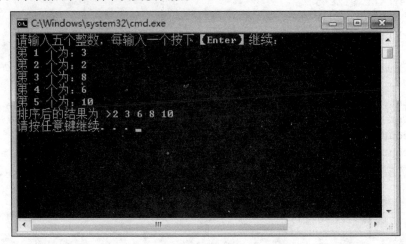

图 6-7　例 6-6 运行结果

在程序中，将排序的过程用函数 bubbleSort() 来完成，其中包含两个循环。内部循环进行相邻元素间比较及交换的操作，由 SIZE-1 开始（即由最下层的元素开始，索引值是 SIZE-1，而非 SIZE），至 top 结束（即目前为止尚未完成排序的最上层）。外部循环的功能在控制总共需要进行几个回合，每执行一次外部循环便代表一个回合的结束，同时会增加 top 的值，故 top 的值会同时影响外部及内部循环的执行次数。

由这个程序可以看出，将 n 个元素的数组利用冒泡排序法需要 n^2 次才能完成，并不是很有效率。不过冒泡排序法的确是简单明确，如果对程序性能没有很高要求时将是个不错的选择。

6.6.2　逆转字符串

本节将介绍通过循环的方式，读取数组里的元素值，再将之逆转后，将字符串数组输出。当程序要求用户输入一段英文字符串时，程序便会将输入的英文字存放在数组中，再通过数组的复制，巧妙地将顺序颠倒。

【例6-7】

逆转字符串的实现。

本例先通过 cin 接收用户输入的英文字符串，接着再通过 String Array 的复制，转换成新的字符串。程序代码如下：

```
01  #include <iostream>
02
03  using namespace std;
04
05  const int SIZE=80;
06
07  void main()
08  {
09     char str[SIZE],rev_str[SIZE];
```

```
10
11      int length=0;
12      int i=0;
13
14      cout<<"请输入欲转换的"英文"字符串: ";
15      cin>>str;
16
17      //使用字符串函数计算字符串长度
18      length=strlen(str);
19
20      //逆转字符串
21      while(length--)
22          rev_str[i++]=str[length];
23
24      //给逆转后的字符数组末尾添加字符串结束标记 '\0'
25      rev_str[i]='\0';
26
27      cout<<"字符串逆转的结果是: "<<rev_str<<endl;
28  }
```

程序运行时输入字符串，将显示逆转结果，如图 6-8 所示。

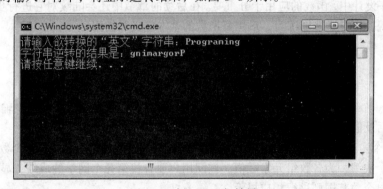

图 6-8　例 6-7 运行结果

本例的主要代码分析如下：

第 5 行：定义常量变量 SIZE 等于 80，此常量变量表示数组的个数上限。

第 9 行：声明两个一维数组 str[]与 rev_str[]，拥有 SIZE 个元素，其数据类型为字符。str[]用来存储用户输入的字符串，rev_str[]则用来存放 str[]逆转的结果。

第 12 行：声明整型类型变量 i，用来作为循环控制。

第 14、15 行：要求用户输入字符串，并且把这个字符串存放到变量 str[]中。

第 18 行：调用函数 strlen()并将字符串的长度存于变量 length 中。

第 21、22 行：逆转用户输入的字符串。

第 25 行：为逆转过的字符串加上结尾字符"\0"。

第 27 行：输出逆转后的字符串。

由于在逆转字符串的过程中，复制的只有字符串函数体，结尾字符并不会被复制，所以必须手动在完成的逆转字符串后加上终止符"\0"。本例程序使用 cin 与">>"运算符让使用输入英文字符串，并将它放在 str 字符串数组中，通过程序第 21～27 将数组中的元素逐一读出，再传递给 rev_str 数组，当中复制数组的方式则是让 rev_str 数组的元素递增，而让 str 数组的元素递减，此一增一减说明了数组可以通过 index 的方式，转换两数组里元素的值。

小　结

本章介绍了函数的编写和使用，主要内容如下：

- 函数是一个代码单元，它有着定义好的功能，一般的程序总是包含大量的小函数。
- 函数定义包括：含有返回类型、函数名和参数的函数头，以及包含有可执行代码的函数体。
- 函数头加上分号，构成了函数声明。
- 函数名称加上实参，构成了函数调用。
- 通常要先进行函数声明，然后在程序中可以调用函数，后面再提供函数定义。
- 若函数是在前面先给出的函数定义，则可以在其后进行函数调用，可省去函数声明。
- 函数不能嵌套定义，但是可以嵌套调用。
- 函数传送参数是按值传送，传送的是实参的副本，因此函数内的操作不会改变实参本身。
- 给函数传送参数的地址要在形参变量前加上"&"符号，传址参数使得形参实参公用同一个地址空间的数据，因此函数内对数据进行的操作在调用结束后可以通过实参反映出来。
- 为函数的参数指定默认值后，只要参数有默认值，就允许有选择地省略参数。
- 变量根据作用域和生命周期分为局部变量、全局变量，自动变量和静态变量。

在 C++程序设计中，函数的应用十分重要。在后续的章节中还会陆续对它进行更深入的学习，请大家引起重视，在本章多加练习，巩固好函数的基本定义和使用。

上 机 实 验

1. 自定义一个字符数组，提示用户输入 5 个字符，通过循环语句实现将用户输入的字符存放到数组里，然后反向输出这 5 个字符。

2. 定义一个实型数组用来存放学生成绩，提示用户确定成绩的个数，根据个数创建数组。提示用户输入每个成绩，为各数组元素赋值。询问用户要查找第几个同学的成绩，显示相应的查询结果，如果超出个数范围则进行相应提示。

3. 在上题的基础上进行改写，修改查询条件：询问用户要查找分数为多少的成绩，找到相应的成绩则显示第几位同学符合查询条件，找不到相应的成绩则显示没有该成绩，如果超出成绩范围则进行相应提示。

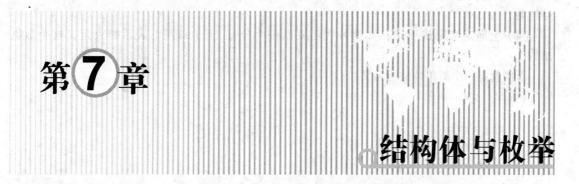

第7章

结构体与枚举

本章将介绍两种用户可以自行定义的新类型：结构体与枚举。使用自定义类型可以让程序变得更灵活、更有变化。这里所提到的自定义类型都是结合了多个基本类型而产生的，所以在访问和使用上也会基于基本类型而来。

学习目标

- 掌握结构体的定义和成员的访问
- 掌握传递结构体变量给函数
- 掌握函数返回结构体变量
- 掌握结构体数组的定义和使用
- 掌握枚举的定义和使用

7.1 结构体的定义

之前已经学习过了多种基本数据类型，包括整型（int）、实型（double）、字符型（char）、布尔（boolean）和数组等，利用这些类型声明的变量可以帮助人们对数据进行保存并进行相应的操作。然而，若是遇到更为复杂的信息需要记录时，使用这些基本数据类型往往无法满足程序的需求，因此 C++提供了"结构体"自定义数据类型。

"结构"可以说是个集合，在这个集合里的变量，可以是相同或不同的数据类型。在结构体中的变量称为结构体的"成员"。

7.1.1 定义结构体的语法

定义结构的语法如下：

```
struct 结构数据类型名称
{
    成员数据类型 成员名称1;
    成员数据类型 成员名称2;
    //…
};
```

相关说明：

（1）struct 是定义结构体的关键字，用来告知编译器后面是一个自定义的结构类型。

（2）struct 之后是这个类型的名称。

（3）大括号括起来的是成员部分。每个成员都得定义自己所使用的数据类型及名称，并以分号结束。

（4）全部定义完成后，在大括号后面要以一个分号（；）结尾，表示结束定义这个数据结构。

下例就是一个简单结构的定义：

```
struct people
{
    char name[10];
    int  age;
    char gender;
};
```

其中，struct 是关键字，而 people 代表的就是这个结构的名称。在大括号中的数据类型就是 people 这个结构中的成员，共有 3 个成员，分别为字符类型的 name[10]数组、整型类型的 age 及字符类型的 gender。当然也可以将它们合成一行，完全根据个人的爱好而定，例如：

```
struct people{char name[10];int age;char gender;};
```

请各位读者注意定义结尾的分号。在 C++中分号代表着一段程序语句的结尾，因此在完成结构类型的定义时必须加上分号。这个分号的位置是在大括号之后，所以常常会与循环、函数的大括号混淆在一起。实际上两者是不同的概念，循环、函数的大括号所包含的程序块中可以有函数调用及运算，而结构定义中则不允许有。基于这个理由，函数使用的大括号后没有分号，而结构定义则必须要有。因此读者在进行结构定义时，一定得留意不要漏写。

定义了结构体，相当于定义了一组"共同属性"。例如 people 结构体，就包含姓名、年龄、性别 3 个属性。当人们需要描述很多人的信息时，不必再分别定义其姓名、年龄等，因为结构体已经将其变成一套整体的内容。

补充说明：什么是属性

属性可以表示一个数据的特征，例如，一个人是一条数据，这个人的身高、体重、发色等就可以当做这个人的特征属性。即使同样都是人，只要属性不同，会形成不同的个体，也就是不同的数据。

7.1.2 声明结构类型的变量

定义一个结构后，就多了一个 people 的数据类型。就好像声明其他数据类型的变量一样，这时候就可以利用这个数据类型来声明一个结构变量，语法如下：

结构类型名称 变量名称;

示例：

```
people worker;
```

示例中的 people 是结构体数据类型，worker 则是它的变量。声明结构变量后，就可以在程序中访问结构变量中的成员属性了，方法将在 7.2 节具体介绍。

如果想在变量声明时进行初始化的操作，必须对结构中的全部成员个别进行才可以，语法如下：

结构类型名称 变量名称={成员 1 的初始值,成员 2 的初始值};

以上是对有两个成员的结构变量进行初始化的操作。

结构体变量的初始化说明如下：

（1）初始值的个数要刚刚好符合定义结构时成员的个数，彼此以逗号分隔。

（2）初始值与对应的成员必须为同一数据类型。

以 people 为结构类型的变量 worker 在初始时的写法如下：

```
people worker={"John",20,'A'};
```

其中，John 对应 people 中的成员 char name[10]，20 对应 int age，而 A 则对应 char degree。如此便能在声明时立即对它们进行初始化。

7.1.3 定义结构体常见的问题

在此要向读者澄清一些定义结构体时常见的问题。

1. 结构体是数据类型，不是变量

有人常常会以变量声明的概念来看待结构定义，以为 struct 是个数据类型，而结构名是个变量的名称，因此在程序中也会直接使用 "结构名称.成员名称"，而不知错误已经发生。

下面的定义，正确的想法应是将 struct 看做关键字，而 people 是数据结构的名称。

```
struct people
{
    char name[10];
    int  age;
    char degree;
};
```

事实上，有另一种结构的语法能帮助人们了解结构的用法，如下所示：

```
struct 结构类型名称
{
   成员数据类型 成员名称;
}变量名称;
```

使用这个语法可以让人们直接在定义结构时也一并声明使用它的变量。例如：

```
struct people
{
    char name[10];
    int  age;
    char degree;
}var1,var2;
```

如上写法相当于在定义 people 结构体类型后立即用其声明了两个变量 var1 和 var2。

由此可见，people 是一个结构体类型，它的身份和 int、float 等一样，是一种数据结构，在使用时要声明变量，然后对变量进行操作。

2. 结构定义时，无法设置默认值

在第 5 章介绍变量种类时曾经提过，如果声明一个静态变量而未给予初值，编译器会自动将它初始为默认值 0。在某些情况下，人们也会希望为自定义的结构体类型设置默认值，但要注意：使用 C++无法对结构中的成员给予默认值。

因此，如下的程序代码是错误的。不能通过编译：

```
struct people
{
    char name[10]="JOHN";    //错误！只能声明成员变量，不可以赋值
    int  age=20;             //错误！只能声明成员变量，不可以赋值
    char degree='A';         //错误！只能声明成员变量，不可以赋值

} ;
```

由于结构体是程序设计人员自定义的数据类型，在程序中可能会常常使用，为了不让编译器发生"不认得"的情形，结构体的定义最好都置于程序的最前端，让程序中的每个角落都能感受到它的存在。

7.2 结构体成员的访问

要访问结构体变量成员的内容时，必须使用结构体专用的语法，其结构如下：

结构变量名称.结构成员名称

上列语法中的"点"代表"的"的意思，这在 C++的语法中常常见到。因此，my.name 就表示"我的名字"，my.phone 就表示"我的电话"，而 worker.name 就代表 worker 的 name 成员。人们要访问结构体变量各成员的数据时都是用这个"."作为连接结构体中的成员的方法。

声明 worker 结构体变量后就可以在程序中指定其成员的值。从 people 结构中已经得知该结构体含有 3 个成员，也就是 name、age 及 degree，所以可以利用"."号访问出结构体中的成员，在下面的语句中，为一个员工 worker 的各项信息赋了值，这个员工的姓名为 Merry、年龄 19、等级为 A。例如：

```
worker.name="Mary";
worker.age=19;
worker.degress="A";
```

若想将 worker 变量中的结构体信息输出在屏幕上，同样要利用"."号访问出结构体中的成员，其代码如下：

```
cout<<worker.name;
cout<<worker.age;
cout<<worker.degress;
```

 注 意

> 不可以通过结构体变量直接输出其各项成员信息，如下语句是错误的：
> cout<<worker;   //错误，不能通过 worker 来输出其各项信息。无法编译成功

要获取结构体成员的属性，就好像要获取单纯的数据类型变量的值一样，只不过结构体成员是包含在结构体中的，所以必须先知道要获取的是哪一个结构体，然后是哪一个成员，写成"结构体变量.成员"的方法。需要注意的是，在结构体变量和成员之间要加上连接的"."号，不然就会产生错误。

【例7-1】

员工资料的结构。

定义一个简单的员工结构体，声明其变量，为变量输入数据存至各成员，输出全部信息。程序代码如下：

```
01  #include <iostream>
02
03  using namespace std;
04
05  //定义结构体类型 Employee
06  struct Employee
07  {
```

```
08    unsigned int id;
09    float salary;
10  };
11
12  int main()
13  {
14
15    Employee emp={0,0};          //声明结构体类型 Employee 的变量 emp
16    cout<<"请输入员工号: ";
17    cin>>emp.id;                 //输入数据保存给 emp 的成员 id
18    cout<<"请输入员工每月工资: ";
19    cin>>emp.salary;             //输入数据保存给 emp 的成员 salary
20    cout<<"员工号是 "<<emp.id
21       <<" ,每月工资是"<<emp.salary<<endl;
22    return 0;
23
24  }
```

程序运行结果如图 7-1 所示。

图 7-1 例 7-1 运行结果

本例的主要代码分析如下：

第 6～10 行：声明一个用户自定义的结构体类型 Employee。

第 15 行：声明一个以 Employee 结构体为数据类型的变量 emp。可以知道，它拥有两个成员：id 和 salary，同时设置它们的初值。

第 16～19 行：提示用户输入的员工号码与工资，分别存放在变量 emp 的两个成员里。

第 20～21 行：将用户输入的数据输出。

在这个程序范例中先定义了 Employee 结构体，表示用户自定义的类型。结构体 Employee 中包含两个成员，分别为 id 和 Salary，id 表示员工号码，salary 表示员工工资。由于公司的员工可能很多，而 id 不会有负值，因此其数据类型设为 unsigned int，salary 的数据类型为 float。接着在主程序中声明一个以它为类型的变量 emp，用来存储一个员工的数据，再利用 "结构变量名称.结构成员名称" 访问员工的资料，并将用户输入所得到的值指定给该员工的结构成员。最后将 emp 结构数组中的成员一一输出到屏幕上。

【例7-2】

日期时间的结构。

设计一个有关时间的 Date 结构体，这个结构体中的成员包括年、月、日 3 个同为整型的数据类型。本例的主要应用是学会如何读取输入的值并将之指定给结构体成员，以及后来如何访问结构体成员的属性并将其显示在屏幕上。程序代码如下：

```
01  #include <iostream>
02
03  using namespace std;
04
05  //定义结构体类型 Date
06  struct Date
07  {
08      int year,month,day; //同类型可声明在一个语句中
09  };
10
11  int main()
12  {
13      Date today;
14
15      cout<<"请输入年份: ";
16      cin>>today.year;
17      cout<<"请输入月份: ";
18          cin>>today.month;
19      cout<<"请输入日期: ";
20      cin>>today.day;
21      cout<<"今天是: "<<today.year
22          <<"-"<<today.month<<"-"
23          <<today.day<<endl;
24      return 0;
25  }
```

程序运行结果如图 7-2 所示。

图 7-2　例 7-2 运行结果

本例的主要代码分析如下：

第 6～9 行：定义新的结构体数据类型 Date，共有 3 个成员，均为整型类型，分别表示年、月、日。本例中将 3 个成员声明在一行中，因为它们同为整型类型（int）。

第 13 行：声明一个类型为 Date 的结构体变量 today。

第 15～20 行：要求用户输入年、月、日，并将用户输入的数据存放在 today 变量的 3 个成员里面。

第 21~23 行：输出今天的日期。访问数据类型为 Date 的变量，必须使用点运算符。

结构体是数据类型的集合，集合中的数据类型可以相同也可以不同。本例中设置的结构成员都是整型数据类型，这个程序只是单纯的声明、指定，以及访问结构中的成员。本程序无法判断输入的时间日期是否在应有的范围之内，因此可能在执行上导致一些潜在的问题产生。读者可以试着在输入时以 if...else if 来限制程序的用户不输入超出应有范围的数字。

事实上，在 C++中内建有专门处理日期的结构体 tm，它被定义于 time.h 中，因此在使用时只须使用#include 这个文件即可。结构如下所示：

```
struct tm
{
    int tm_sec;      //seconds after the minute-[0,59]
    int tm_min;      //minutes after the hour-[0,59]
    int tm_hour;     //hours since midnight-[0,23]
    int tm_mday;     //day of the month-[1,31]
    int tm_mon;      //months since January-[0,11]
    int tm_year;     //years since 1900
    int tm_wday;     //days since Sunday-[0,6]
    int tm_yday;     //days since January-[0,365]
    int tm_isdst;    //daylight savings time flag
};
```

可以看出其中包括时间"时-分-秒"及日期："年-月-日"两部分。如果以后要使用日期，不妨直接使用这个 C++内建的结构。

7.3 传递结构体变量给函数

首先复习一下声明函数的语法：

返回值类型 函数名称(参数类型 参数名称);

由于结构体也是数据类型的一种，因此可以直接使用同样的语法。例如，要将一个结构体类型 people 传入 void functionA()中，则可以写成：

void functionA(people tmp);

其中，tmp 是这个参数的名字，其类型为自定义的结构体 people。

使用结构体类型的函数参数要注意：

（1）为了要让编译器认得这个自定义的数据类型，必须在使用之前先行定义，否则会产生一连串的错误信息。

（2）由于结构体是自定义的，其容量可能会很大，因此一般在使用结构作为参数时都会采用传址的方式，如此一来便能让程序的执行更有效率。

（3）如果不想让函数里的操作更改到原变量时，可以在结构类型前加上 const 关键字，便能以只读的方式传入。

【例7-3】

结构体变量作为函数的参数的使用，采用传址的方式。

本例在例 7-2 的基础上进行了修改，将输入结构体时间的功能定义在函数中，并对输入数据进行有效性检查。程序代码如下：

```
01  #include <iostream>
```

```
02
03   using namespace std;
04
05   //定义结构体类型 Date
06   struct Date
07   {
08       int year,month,day; //同类型可声明在一个语句中
09   };
10
11   void inputDate(Date &temp){
12       cout<<"请输入年份: ";
13       cin>>temp.year;
14
15       do{
16           cout<<"请输入月份: ";
17           cin>>temp.month;
18           }while(temp.month<1||temp.month>12);
19
20       do{
21           cout<<"请输入日期: ";
22           cin>>temp.day;
23           }while(temp.day<1||temp.day>31);
24   }
25
26   int main()
27   {
28       Date today;
29
30       inputDate(today);
31       cout<<"今天是: "<<today.year
32           <<"-"<<today.month<<"-"
33           <<today.day<<endl;
34       return 0;
35   }
```

程序运行结果如图 7-3 所示。

图 7-3　例 7-3 运行结果

本例的主要代码分析如下：

第 6～9 行：定义新的结构体数据类型 Date，共有 3 个成员，均为整型类型，分别表示年、月、日。本例中将 3 个成员声明在一行中，因为它们同为整型类型（int）。

第 11～24 行：定义 inputDate()函数，用来给结构体变量输入信息。这里要注意的是，该函数的参数使用了结构体类型，并且加上了取地址符号"&"，这样在函数调用时，实参和形参之间是传址方式，共用一个结构体变量，而不是复制数据产生副本。此外，在用户输入数据时通过循环对月份和日期进行简单的有效性检查。

第 28 行：在主函数中声明结构体类型变量 today。

第 30 行：调用 inputDate()函数，并将 today 作为实参进行传递。当函数调用结束时，today 的各项成员就已经保存好数据了。

第 31～33 行：输出 today 的全部成员信息。

本例中对用户输入的月份和日期的检验是简单粗糙的，并没有考虑各个月份不同的日期范围。若切合实际进行详细检验还需对程序进行修改，或像上一节所说，使用 C++提供的结构体 tm。

希望读者认真体会传址方式的结构体变量作为函数参数的使用。

7.4　函数返回结构变量

结构体类型可以作为参数被传入，同样它也可以作为返回值被传出。如果想要返回一个结构，则必须将函数声明，其声明格式如下：

结构体类型　函数名称(参数类型　参数名称)；

在此声明前得先定义此结构体，否则一样会产生一连串的错误。

【例7-4】

结构体类型在函数中的使用。

本例使用传址方式将两个结构体变量作为参数传入函数，在函数中将它们的成员汇总，然后再返回主程序中显示。程序代码如下：

```
01  #include <iostream>
02
03  using namespace std;
04
05  struct student
06  {
07      int ChScore;
08      int EngScore;
09      int MathScore;
10  };
11
12  student average(const student &st1,const student &st2)
13  {
14      student tmp;
15      tmp.ChScore=(st1.ChScore+st2.ChScore)/2;
16      tmp.EngScore=(st1.EngScore+st2.EngScore)/2;
17      tmp.MathScore=(st1.MathScore+st2.MathScore)/2;
18      return tmp;
```

```
19     }
20
21   void main()
22   {
23       student John={85,75,95};
24       student Mary={95,95,100};
25       student aver=average(John,Mary);
26       cout<<"John 的成绩  > "<<John.ChScore<<"  "
27          <<John.EngScore<<"  "
28          <<John.MathScore<<endl;
29       cout<<"Mary 的成绩  > "<<Mary.ChScore<<"  "
30          <<Mary.EngScore<<"  "
31        <<Mary.MathScore<<endl;
32       cout<<"他们的平均成绩 > "<<aver.ChScore<<"  "
33          <<aver.EngScore<<"  "
34          <<aver.MathScore<<endl ;
35   }
```

程序运行结果如图 7-4 所示。

图 7-4　例 7-4 运行结果

本例的主要代码解析如下：

第 5～10 行：定义 student 结构。

第 12～19 行：定义 average 函数，传入两个 student 结构体类型数据作为参数，返回另一个 student 结构体类型数据。

第 23、24 行：声明 student 类型的变量 John 及 Mary，并赋初值。

第 25 行：声明 student 类型的变量 aver，用来存储函数 combine 的返回值。

第 26～28 行：显示 John 的成绩。

第 29～31 行：显示 Mary 的成绩。

第 32～34 行：显示返回的平均成绩。

在这个程序中定义了一个 student 结构体类型，其中有 3 个成员 ChScore、EngScore 及 MathScore，存放 3 个成绩。John 和 Mary 各是以这个结构体声明的变量，并给予初始值{85、75、95}和{95、95、100}。为了计算平均成绩，使用了一个函数 average()，两个结构体变量分别成为函数的两个参数传入。为了省下复制数据的时间，这里使用传址方式传入，同时也加上 const 关键字预防被修改。在 average()中分别对 3 个成员相加再除以 2，并将结果存于另一个以 student 为类型的局部变量 tmp 中。函数汇总完毕后返回 tmp，在主程序中以变量 aver 接收。最后在屏幕上显示所有的结果。

7.5 结构体数组

由于结构体也是一种数据类型，因此可以声明结构体类型的数组，这样的声明让程序变得更加简洁。语法如下：

结构体名称 变量名称[数组大小]；

访问数组中各个成员的方法同一般的访问方法一样，每一个数组元素都相当于一个结构体变量，在使用时仍需使用"."来访问每一个具体的成员。

例如，可以声明一个含有 50 个元素的结构数组，用来存储 50 位员工的个人资料，如下所示：

people worker[50];

要访问第一个 worker 的 name 成员时使用的程序代码如下：

worker[0].name

而进行初始化的操作也是一样：

worker[0]={"John",20,'A'};

【例7-5】

结构体数组的使用。

本例中，将一个公司的员工资料以结构体数组的方式存储及输出。由程序可以看出，数组配合结构的使用将使程序需要声明的变量数量减少，同时可以增加其可读性。程序代码如下：

```cpp
01  #include <iostream>
02  using namespace std;
03
04  struct Employee
05  {
06      unsigned int id;
07      float salary;
08  };
09
10  void set_data(Employee e[]);
11
12  int main()
13  {
14      Employee em[3];
15      set_data(em);
16      cout<<endl;
17      cout<<"<员工信息 > "<<endl;
18      for(int i=0;i<3;i++)
19      {
20          cout<<"--------------------"<<endl;
21          cout<<"序号: "<<i+1<<endl;
22          cout<<"E 员工 ID: "<<em[i].id<<endl;
23          cout<<"工资: "<<em[i].salary<<endl;
24      }
25      return 0;
26  }
27
```

```
28  void set_data(Employee e[])
29  {
30     for(int i=0;i<3;i++)
31     {
32        cout<<"请输入员工id: ";
33        cin>>e[i].id;
34        cout<<"请输入员工工资: ";
35        cin>>e[i].salary;
36     }
37  }
```

图 7-5 例 7-5 运行结果

程序运行结果如图 7-5 所示。

本例的主要代码分析如下：

第 4~8 行：定义员工信息结构体 Employee，和以前的定义方法一样。

第 10 行：声明 set_data()函数，因为该函数是先在主函数中使用，后定义。注意该函数的参数为结构体类型的数组，中括号内不要写数字。

第 14 行：声明结构体 Employee 的数组 em，包含 3 个元素。

第 15 行：调用 set_data()方法，将数组作为参数传递，实现对全部员工信息的输入。

第 19~24 行：输出各员工的各项信息。

第 28~38 行：定义 set_data()函数，对数组元素进行信息的输入。

在这个范例中，将读取和设置员工资料的函数和输出员工资料的主程序分开处理，使得程序的结构变得更有条理。

由本程序的执行可以充分看出，结构体数组其实十分简单，每个结构体数组的元素就是一个结构体类型的变量，在有效访问到数组元素后，按照结构体变量的方式再进而访问各成员即可。数组和结构的设计能够将数据组织得更加简洁清晰，帮助人们进行有条理而易维护的程序编写。

7.6 枚 举 类 型

枚举类型和结构体类型一样，都是以促进程序的易读性为目的的，然而两者在用法上极为不同。

所谓的枚举，由字面上来解释，即将一个整型（或其兼容）类型中可能会出现的值都先一个个列举出来，分别以有意义的符号来代表它们，形成一个"枚举"数据类型，之后在使用这个类型的变量时就只能够使用这些已经事先定义好的值了。

例如，一周中每天的取值只可能是周一到周日这 7 个值之中的一个，不可能再有其他，那么人们就可以将这有限的若干取值定义在一起称为枚举类型，之后凡是要描述周几的时候，就使用这个枚举类型，那么取值就相当于限定在周一到周日之间，其他值就会出错。同时，枚举元素的常量名称一般根据其含义来定，这样更增强了程序的可读性，这就是枚举的意义所在。

7.6.1 枚举的定义

enum 是定义枚举的关键字，定义枚举类型的语法如下：

```
enum 枚举名{name1,name2};
```

由于枚举的大括号里面只是定义常量的名称，并不是一个完整的语句，因此成员中是以逗号来分隔的。例如：

```
enum weekday{Mon,Tues,Wed,Thur,Fir,Sat,Sun};
```

以上声明中，enum 表示枚举的数据类型；weekday 表示这个枚举名称；而在大括号中的内容就是枚举中的元素，这些元素都是固定不变的，所以也可以把它想象是常量类型的集合。

默认情况下，枚举声明中每个枚举成员的值都比前面一个枚举成员的值大 1，第一个枚举成员的值是 0。

在定义枚举类型时，可以指定不同枚举元素所代表的整数值。例如：

```
enum 枚举名称{常量名称=数值};
enum 枚举名称{成员 1=3,成员 2=4};
```

7.6.2 枚举的使用

枚举类型是一种数据类型，其使用方式和其他类型一样。例如：

```
weekday days[50];
weekday today;
```

这是声明枚举变量的方式，第一个式子表示 weekday 枚举类型的数组 days，该数组有 50 个元素，每个元素的取值都要在 weekday 的范围之内，即 Mon 到 Sun；第二个式子声明了一个单独的 weekday 类型的变量 today。

为枚举类型变量赋值，只能赋其该枚举类型的各常量元素，或将相应的整数强制类型转换然后赋值。若超出该范围则会出错。这样便保证了数据的有效性，提高程序的可读性。例如：

```
weekday today=Mon;
weekday otherday=(weekday)2; //相当于赋值 Wed
```

 注 意

- 枚举类型的各元素不是字符串，各元素是常量，需要符合标识符命名规则。
- 可以对枚举类型变量进行输出，其结果是显示对应的整数值。不会显示枚举类型的常量元素，因为其不是字符串，而是一个标识符。

"枚举"的应用在程序中并不常见，人们掌握枚举的基本定义和使用即可。

小 结

通过本章的学习，人们对"结构体"和"枚举"这两种数据类型应该有了一定程度的了解。对"结构体"的掌握可以帮助人们理解"类"的概念，更快进入学习状态。

本章的主要内容如下：

- struct 是定义结构体的关键字，结构体类型是一组相同或不同类型数据的集合。
- 结构体是一种数据类型，定义完结构体后，需要使用它去声明变量，然后再使用。
- 结构体类型的每个变量都包含结构体类型的各成员，使用时通过"变量.成员名"对各项成员进行访问，保存数据和输出数据均如此。
- 可以将结构体类型与函数结合在一起使用，作为其参数或返回类型。
- 结构体类型数组的每一个元素都是一个结构体类型的变量，在使用时，在数组元素后仍要通过".成员名"访问其各个属性。
- 定义枚举类型的关键字是 enum，枚举类型的各元素相当于整型常量。

上 机 实 验

1．定义一个结构体，用来表示时间，其成员包括时、分、秒。定义该结构体类型的变量，让用户输入时间，保存在变量的各成员中。最后显示完整的时间。

2．对第 1 题进行修改，将输入时间的功能定义在函数中，使用传址方式的结构体变量作为参数。在该函数中还要加上对用户输入的各数据的有效性检验。完成时间的输入和整体显示功能。

3．仍然使用时间结构体，在第 2 题的基础上增加一个函数，用来计算两个时间之间的差。该函数接收两个时间结构体变量作为参数，计算它们的时间差，将结果保存在另一个结构体变量中进行返回。主函数中调用各函数，实现两个时间的输入和其时间差的显示。

注 意

- 计算时间差可以先将时间转换为秒，取其差的绝对值。
- 时间差仍以结构体来表示，因此要对以秒为单位的时间差进行处理，以符合要求。

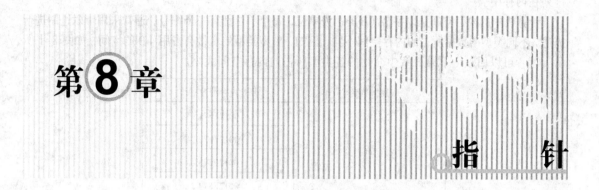

第8章

指 针

在 C++程序设计中，指针的使用非常频繁，数据的读取、文件的读取，甚至内存的管理中都可以看见指针的身影，本章将介绍指针最基本和最典型的一些应用。

指针是 C++程序设计中较难理解的一部分内容，因为其涉及计算机的内存管理，内容较为抽象，逻辑性强。读者如果希望对指针有更深入的理解可以查阅更多丰富的资料，若感兴趣，还可以研究一下内存是如何堆栈与记忆数据的顺序的，这对加强对指针的掌握很有帮助。当然，若指针会读者感到迷惑，那么以实用为准则，掌握本章所介绍的指针常用的相关知识即可。

学习目标

- 理解指针的概念
- 掌握指针与声明
- 掌握指针与函数相结合的使用
- 掌握指针与结构体相结合的使用
- 掌握指针与数组相结合的使用

8.1 理 解 指 针

指针，顾名思义，是指向一个位置，这里的位置是指数据在"内存"中的位置。简单来说，指针代表数据在内存中的地址。

人们知道，每一次变量的声明，内存都会依据其数据类型而分配不同的内存空间，变量的名称相当于内存空间的一个"别名"，平时人们通过变量名称对其进行使用时，计算机都需要在内部帮助人们把"别名"进行翻译。而指针直接就是该内存空间的地址，使用起来速度更快。

例如，人们要确定一个地点，可能会说：中国某市某区某街道某楼某号房间。而这个地址是需要进行分析然后定位的。指针就像是直接说出该地点的经纬度，无须分析，直接定位。

由于指针的访问优先权高于其他运算符，因此只要控制好指针，就能快速从内存中取出想要的变量数值或数据。

在开始学习指针之前，先来认识一下内存的"地址"与"指针运算符"。

8.1.1 内存地址

凡是程序需要用到的资源都会先行读取到内存中，然后由 CPU 访问内存去使用。计算机的内存空间是一个线性结构，可以看做一个长条状的容器，那么每一条数据就像货柜一般，有秩序地排列在内存中。

计算机中的内存空间是以字节（Byte）为单位，每个单位都有一个编号，通常采用十六进制进行描述。不同类型的数据所占的内存空间不同，例如，整型类型的变量会占用 4 B 的空间，如图 8-1 所示。读者可以回顾一下第 2 章中介绍的各类型所占的内存空间大小。

数据类型	内存编号
int	0012FF71
	0012FF72
	0012FF73
	0012FF74

图 8-1 整型的内存空间

在程序中，人们只需要知道这个变量的数据类型及该变量在内存中的起始地址，即可计算出这个变量在内存的正确位置，并对变量加以使用。

8.1.2 地址运算符 "&"

在 C++语言中有一个取址的运算符 "&"，在函数的参数中曾提到过，该运算符可以得到变量的地址。通过此运算符的帮助，便可将该变量在内存中的 "地址" 输出。例如，有如下语句：

```
int Age;
cout<<&Age;
```

该语句中先声明了一个整型变量 Age，在声明之后紧接着输出 Age 的内存地址，在输出时要使用 "地址运算符" 放在变量前，即 "&Age"。输出的显示结果将会是类似 0012FF74 这样的数据。

注 意

- 变量声明之后，不论有没有初始值，都会在内存里占据一定的空间。因此可以进行取址运算，输出其地址。
- 虽然人们看到了十六进制形式整数描述的内存地址，但是一定要知道，内存地址本身并不是整数类型的，只是在输出时系统对地址自动进行了转换，以方便显示。绝不可以在程序中将整数当成地址进行赋值等操作。

那么程序中用什么来表示地址呢？下面通过一个例子来明白并掌握指针的使用。

【例8-1】

取址运算符的使用。

在程序中声明 3 个变量，然后分别将它们在内存中的地址输出。程序代码如下：

```
01  #include <iostream>
02  using namespace std;
03
04  int main()
05  {
06      int var1;
07      int var2;
08      int var3;
09
```

```
10      cout<<"变量 var1 的内存地址是: "<<&var1<<endl;
11      cout<<"变量 var2 的内存地址是: "<<&var2<<endl;
12      cout<<"变量 var3 的内存地址是: "<<&var3<<endl;
13    }
```

程序运行结果如图 8-2 所示。

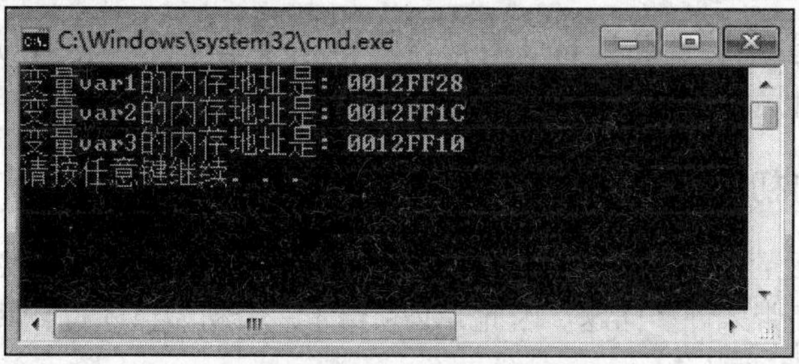

图 8-2　例 8-1 运行结果

本例的主要代码分析如下：

第 6～8 行：声明 3 个变量 var1、var2、var3，其数据类型为 int。

第 10～12 行：输出这 3 个整型变量在内存中的地址，&为取址运算符。

本例的程序非常简单，先声明 3 个整型变量，然后再利用 "&" 将这 3 个变量在内存中的地址输出，在此请特别观察输出的结果是 0012FF28、0012FF1C、0012FF10。

请注意，这里的输出结果并不一定和读者的输出结果相同，这是因为使用的计算机其内存管理（计算机设备、操作系统设置、加载程序多少）不同，所以会有不同的结果。

通过 "&" 运算符的帮助，让人们更清楚知道变量在内存中的存放起始位置和其所占的字节数。

变量一旦声明，在内存中存放的地址就是固定的，但当中的值是不固定的，通过指针的移动，可以做到更改数据、复制数据，甚至是数组的复制、移动等。

理清 "指针" 与 "内存地址" 的关系可以更好地掌握指针的使用。

8.2　指　针　变　量

8.1 节中人们已经顺利地运用地址运算符 "&" 将变量在内存里的存放位置输出到屏幕上，在程序中，要想保存和操作地址，就要使用指针。

8.2.1　指针变量的声明

指针变量是用来存储某个内存地址的变量。它本身是一个变量，占用 4 B 的内存空间，存储的是地址。

声明指针变量的语法如下：

数据类型* 变量名称；

例如：

int* ptr;

相关说明：

● 声明语句中的星号 "*" 表明后面所声明的变量是 "指针"。

● 声明语句最前面的 int 则限定了这个指针所能指向的应是 "整型" 变量，即该针变量所存储的内存地址应该是一个整型变量的内存地址。

综上所述，这一行声明语句可以描述为"声明一个指向整型变量的指针，其名称为 ptr"。

指针除了保存地址外，还表明了该地址中存储的是什么类型的数据。因此，指针变量之间的相互赋值要注意类型的一致性。

除了上述声明的方式外，还有另一种方式：

```
int *ptr;
```

其差异是：一个是"*"号跟着 int（数据类型）；一个是"*"号跟着 ptr（指针名称）。不论使用何种方法声明指针，程序都能正确的编译与执行。

8.2.2　指针变量的初始化

指针变量和一般变量一样，在声明时都呈现未定义的状态，其中的值也都是不确定的，如果贸然使用，将会为程序带来许多问题。因此，必须给予一个初始值才行，其语法结构如下：

数据类型* 变量名称=初始值；

这个初始值必须是能够保存相应类型数据的某内存中的地址，或者也是一个指向同样类型的指针。

C++提供了 3 种方法让指针初始化：

（1）使用指令 new。该指令会帮助人们找到可用的内存空间，它的语法如下：

数据类型* 变量名称=new 数据类型；

此时系统会分配一块尚未被使用且足以容纳该数据类型的空间，同时将这块空间的地址指定给这个指针变量，例如：

```
int* ptr=new int;
```

则系统会分配一个 4 B 的可用空间来存放整型类型的数据，而该空间的首地址会保存给指针变量 ptr。若此时输出 ptr，即可看到该地址的整数形式。

（2）指向已知变量。如果指针指向一个已存在的变量，则可以将该变量的地址直接当做初值指定给此指针。例如：

```
int var1=100;
int* ptr=&var1;
```

则指针 ptr 所存储的就是变量 var1 的地址。

（3）使用空指针 NULL。有时人们不想指定任何地址或是分配一块内存空间让指针指向，因此 C++提供了一个关键字 NULL（请注意全部都是大写）代表"空指针"。例如：

```
int* ptr1=NULL;
char* ptr2=NULL;
```

事实上，NULL 所代表的就是 0。不过应把它视做编号为 0 的内存地址。使用空指针 NULL 是因为目前并不明确所要指向的空间，但为了避免若不初始化则该指针变量会"随便"指向某一空间。

空指针可以配合 if 条件表达式进行运算，例如：

```
if(ptr==NULL)
    cout<<"这个指针没有指向任何东西";
else
    cout<<"ptr 指针所指向的内存地址是"<<ptr;
```

8.2.3　指针变量的使用

人们已经知道如何声明指针变量及如何对其进行初始化，在使用指针变量时，直接将其输出代表着显示其所指向的内存地址，而指针变量的另一种非常广泛的应用是通过该地址取得内存空间中的数据，这就要用到取值符 "*"。

在声明指针变量的语句中，"*" 表示所声明的是一个指针。

在使用指针变量的执行语句中，"*" 放在指针变量前表示进一步得到指针变量所指向的数据本身，即所指向的地址里的数据。

例如：

```
int a=10;
int *pt=&a;
cout<<"指针所指向的地址是"<<pt<<endl;
cout<<"指针所指向的地址里的数据是"<<*pt<<endl;
```

读者可以将这段代码补充为完整程序，观察运行结果，理解此处的用法。

【例8-2】

指针变量的使用。

本例将通过一个程序，看看指针是如何在内存中"指来指去"，并掌握通过内存地址输出变量值的方式。程序代码如下：

```
01  #include <iostream>
02  using namespace std;
03
04  void main()
05  {
06      int var1=5;
07      int var2=10;
08
09      char str1[]="嗨! 钢琴王子! ";
10      char str2[]="微笑是最好的语言～";
11
12      int *pi=NULL;
13      char *pc=NULL;
14
15      cout<<"var1 的值是: "<<var1<<endl;
16      cout<<"var2 的值是: "<<var2<<endl;
17      cout<<"str1 的值是: "<<str1<<endl;
18      cout<<"str2 的值是: "<<str2<<endl;
19
20      cout<<"----------------------------"<<endl;
21
22      pi=&var1;
23      cout<<"pi 指针目前指到的值是: "<<*pi<<endl;
24      pi=&var2;
25      cout<<"pi 指针目前指到的值是: "<<*pi<<endl;
26
27      pc=str1;
28      cout<<"pc 指针目前指到的值是: "<<pc<<endl;
29      pc=str2;
30      cout<<"pc 指针目前指到的值是: "<<pc<<endl;
31
32  }
```

程序运行结果如图 8-3 所示。

图 8-3　例 8-2 运行结果

本例的主要代码分析如下：

第 6、7 行：声明两个整型变量 var1、var2，其值分别为 5、10。

第 9 行：声明一个字符数组 str1，并初始化为"嗨！钢琴王子！"。

第 10 行：声明一个字符数组变量 str2，并初始化为"微笑是最好的语言～"。

第 12 行：声明一个指向"整型"数据的指针变量 pi。

第 13 行：声明一个指向"字符"数据的指针变量 pc。

第 15～18 行：将变量 var1、var2、str1[]与 str2[]输出至屏幕，用于比较对照。

第 22 行：将变量 var1 的地址设置给整型指针 pi。

第 23 行：将当前整型指针 pi 所指向的地址里的数据输出。

第 24 行：将变量 var2 的地址设置给整型指针 pi。

第 25 行：将当前整型指针 pi 所指向的地址里的数据输出。

第 27 行：将变量 str1 的地址设置给字符型指针 pc。

第 28 行：将当前字符型指针 pc 指向的地址里的数据输出。

第 29 行：将变量 str2 的地址设置给字符型指针 pc。

第 30 行：将当前字符型指针 pc 指向的地址里的数据输出。

本例中声明了两个指针，分别是指向"整型"与"字符"两种不同数据类型的指针。通过给指针变量重新赋值，相当于改变指针变量在内存中的指向。使用"*"可以将指向的内存地址中的"值"输出，也就等于将变量的值输出。

8.2.4　void 指针

前几章介绍函数时曾经用到 void 这个关键字，那时它的作用是告诉编译器，该函数不会返回任何值或是没有参数。本节中将介绍另一个使用 void 的时机，那就是 void 指针。

由于各种指针都得指定其所指向的数据类型，为了对程序的开发造成限制，C++提供了指向一个"无属性"的指针，称为 void。一个 void 指针的声明如下：

```
void* 指针名称;
```

这种指针的作用是可以指定任何一种类型的指针，例如：

```
void* Vptr;
int* Iptr=new int;
char* Cptr=new char;
Vptr=Iptr;
```

```
Vptr=Cptr;
```

上式中显示出可以将指向整型类型及字符类型的指针指定给一个 void 指针。至于反向则不成立，所以无法将 void 指针指定给整型指针或字符指针。

一个 void 指针也占用 4 B 的内存空间，所以可以和其他类型的指针兼容。它通常被用来当做函数的参数类型，尤其是当该函数所做的操作并不和指针的类型有关时。例如，如下代码中，函数 showAddr() 传入一个 void 指针参数，并显示它的内存地址：

```
void showAddr(void* ptr)
{
    cout<<"指针的指向地址是"<<ptr;
}
```

由于函数所处理的只是显示内存地址，而无论哪一种指针其内存地址都是同样的格式，因此可以使用 void 指针来解决。这样程序设计人员就不必去考虑传入的参数究竟是整型类型的指针还是字符类型的指针，以及会不会冲突等的情况。C++就是借着这个 void 指针的使用，让程序设计更具有灵活性。

8.3　指针与函数

第 5 章中介绍过，一个函数传入参数的方式可以使用传值或传址的方式。使用传值参数时，系统会在内存的另一处复制传入的参数值，而函数所做的任何事都是针对这个复制的版本，因此并不会影响原本的值。使用传址参数时，函数则会使用与原本数值相同的内存空间，故所做的更改全会反应在原本的数值上。

由于指针就是用来描述地址的，因此，函数与指针的结合使用更具灵活性。

8.3.1　传递指针作为参数

由于指针也是一种数据类型，所以也可以将它作为参数传入函数中。指针参数也分为传值和传址两种，其声明的语法结构如下：

```
//使用传值参数
返回值类型 函数名称(指向类型* 指针名称);
//使用传址参数
返回值类型 函数名称(指向类型* &指针名称);
```

利用传值参数时，系统会将该指针的内容复制至一个空的内存块中，之后函数所使用的都是这个复制的版本，故所做的任何操作与原本的指针无关，在该函数之外，该指针还是维持原值不变。利用传址方式传递时，系统所使用的是原指针的一个"引用"，所以在函数中所做的任何操作都会影响到原来的指针。

这里要特别注意的是：

（1）指针之间的传值：指针变量是用来保存地址的变量，其变量值是一个地址。因此，指针作为参数的传值所复制的是指针内部保存的地址值。

（2）指针之间的传址：指针作为参数的传址，是指指针变量自身的地址，而不是它所保存的其他数据的地址。

【例8-3】

指针作为函数的参数。

本例说明这样一个情况：程序中有两部分，分别进行指针传值和传址的比较。在 functionA()

中所使用的是传值方式，而 functionB() 中则是使用传址的方式。在两个函数里都会进行 "ptr1=ptr2"
的赋值，之后在函数内外都以 cout 显示 ptr1 的值。程序代码如下：

```
01    #include <iostream>
02    using namespace std;
03
04    void functionA(int* ptr1,int* ptr2)
05    {
06        ptr1=ptr2;
07        cout<<"指针 ptr1 的值是 "<<*ptr1<<endl;
08    }
09
10    void functionB(int* &ptr1,int* &ptr2)
11    {
12        ptr1=ptr2;
13        cout<<"指针 ptr1 的值是 "<<*ptr1<<endl;
14
15    }
16
17    void main()
18    {
19        int var1=100;
20        int var2=200;
21        int *ptr1=&var1;
22        int *ptr2=&var2;
        cout<<"使用传值参数"<<endl;
24        cout<<"调用 functionA()之前，指针 ptr1 的值是 "<<*ptr1<<endl;
25        functionA(ptr1,ptr2);
26        cout<<"调用 functionA()之前，指针 ptr1 的值是 "<<*ptr1<<endl;
27
28        cout<<"使用传址参数"<<endl;
29        cout<<"调用 functionB()之前，指针 ptr1 的值是 "<<*ptr1<<endl;
30        functionB(ptr1,ptr2);
31        cout<<"调用 functionB()之前，指针 ptr1 的值是 "<<*ptr1<<endl;
32    }
```

程序运行结果如图 8-4 所示。

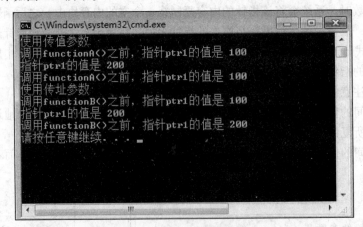

图 8-4　例 8-3 运行结果

本例的主要代码分析如下：

第 4 行：开始定义函数 functionA()，参数使用的是传值方式。

第 6 行：将 ptr2 的值指定给 ptr1。注意，两者都是指针变量，保存的值是地址，这里相当于把 ptr2 所指的地址赋给 ptr1，使两个指针变量保存相同的地址数据。

第 10 行：定义函数 functionB()，参数使用的是传址方式。

第 12 行：将 ptr2 的值指定给 ptr1。注意指针变量赋值的含义。

第 19、20 行：声明两个整型变量 var1、var2，初值分别为 100、200。

第 21、22 行：声明两个指针 ptr1、prt2，分别指向 var1、var2。

第 25、26 行：调用函数 functionA()，并于之后显示 ptr1 所指向的值（即*ptr1）。

第 30、31 行：调用函数 functionB()，并于之后显示 ptr1 所指向的值。

程序中可以看到，"ptr1=ptr2"代表将 ptr2 中所存的内存地址指定给 ptr1，也就是说将 ptr1 重新指向 ptr2 所指向的地址。在函数 functionA()中，这个操作只对 ptr1 的复制进行。因此，即使在函数中显示了 ptr1 所指向的值已经被改为 ptr2 所指向的 200（即 var2 的值），在该函数外，ptr1 仍然是指向 var1，故显示时其值为 100。在函数 functionB()中是以传址的方式进行。ptr1 所代表的就是外部的 ptr1 本身。因此"ptr1=ptr2"这个操作会让原本的 ptr1 也指向 ptr2 所指的地址，即 var2。故在函数内外所显示的值都是 200。

由这个程序可以知道，以指针作为参数传入时情形和其他数据类型是一样的。只是更多的时候人们关心的不在指针本身，而在它所指的数值上。指针在函数应用中有很重要的一点：当一个指针传入函数时，无论它是以传值或传址的方式传入，其中对"所指向的值"所做的改变都会影响原本的数值。

为了证明这件事实，以下面的例子进行说明。

【例8-4】

指针在函数应用中对"所指向的值"所做的改变都会影响原本的数值。

本例中声明了两个函数 functionA()与 functionB()，各有两个参数传入。其中，functionA()是以传值的方式，而 functionB()则是以传址的方式。在两函数中对参数进行相同的运算，函数结束时会发现原本的值也被更改了。程序代码如下：

```
01   #include <iostream>
02   using namespace std;
03
04   void functionA(int *ptr1,int *ptr2)
05   {
06       *ptr1=*ptr2;
07   }
08
09   void functionB(int* &ptr1,int* &ptr2)
10   {
11       *ptr1=*ptr2;
12   }
13
14   void main()
15   {
16       int var1=100;
17       int var2=200;
18       int *ptr1=&var1;
```

```
19      int *ptr2=&var2;
20
21      cout<<"使用传值参数"<<endl;
22      cout<<"var1 的值为 "<<var1<<endl;
23      functionA(ptr1,ptr2);
24      cout<<"var1 的值为 "<<var1<<endl;
25
26      var1=100;
27      cout<<"使用传址参数"<<endl;
28      cout<<"var1 的值为 "<<var1<<endl;
29      functionB(ptr1,ptr2);
30      cout<<"var1 的值为 "<<var1<<endl;
31  }
```

程序运行结果如图 8-5 所示。

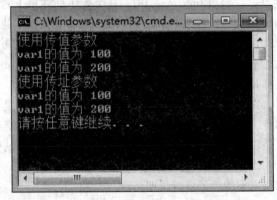

图 8-5　例 8-4 运行结果

本例的主要代码分析如下：

第 4 行：声明函数 functionA()，有两个参数*ptr1 及*ptr2，都是以传值的方式传入。

第 6 行：在 functionA()中改变*ptr1 的值，将*ptr2 的值指定给它。

第 9 行：声明函数 functionB()，有两个参数*ptr1 及*ptr2，都是以传址的方式传入。

第 11 行：在 functionB()之中改变*ptr1 的值，将*ptr2 的值指定给它。

第 16、17 行：声明两个整型变量 var1、var2，分别给予初值 100、200。

第 18、19 行：声明两个整型指针 ptr1、ptr2，分别指向 var1、var2。

第 21～24 行：调用 functionA()，并传入 ptr1 及 ptr2。在调用前后各显示一次 ptr1 所指向的值（ptr1 仍指向 var1）。

第 26 行：将 var1 的值重设回 100。

第 27～30 行：调用 functionB()，并传入 ptr1 及 ptr2。在调用前后各显示一次 ptr1 所指向的值（ptr1 仍指向 var1）。

本例中函数所改变的都是 ptr1 所指的值，也就是 var1。将 ptr2 所指的值（即 var2）复制给它，故函数中*ptr1 会变为 200。由于*ptr1 无论使用的是传值或是传址，其指向的都是 var1，故在函数中改变的*ptr1 就是 var1 本身，所以可以知道，使用指针作为参数能改变其指向的值。如果想防止*ptr1 被改变，就必须在前面加上 const 关键字。如果加上 const，就会变成无法改变 ptr1 了。

由此可见，使用指针作为参数，在函数中对所指的变量做的改变都会影响其函数体。因此，它的作用就和将该变量以传址的方式作为参数传入一样。故以下两个函数会有相同的结果：

```
void functionA(int& var1,int& var2)
```

```
{
    var1=var2;
}
void functionB(int* ptr1,int* ptr2)
{
    *ptr1=*prt2;
}
```

其中，ptr1 是指向 var1 的指针，而 ptr2 是指向 var2 的指针。第一个函数使用的是将两个变量以传址的方式传入，故在函数中所做的修改是在原变量的地址中进行的，会直接影响到"本身"；第二个函数则是使用传递其指针的方式，由于这些指针会一直指向同一个内存地址，故函数内对所指向的值（请注意不是对指针本身）所做的操作都会影响原本的变量。因此，两个函数执行的结果会是相同的。

由于在 C++语言中并没有提供传址参数的方式，所以如果想在函数中对原本变量进行处理，就只能借助传递其指针的方式。下面的程序代码就说明了这个情况：

```
void increment(int *ptr1)
{
    (*ptr1)++;
}
void main()
{
    int var1=100;
    increment(&var1);
    cout<<var1;
}
```

定义 increment()函数，该函数声明为传入一个指针，并在函数中更改指针所指向的数值。在主函数 main()中声明一个整型变量 var1 并将其初始值设为 100。为了传入指针，并不一定要在主程序中另外声明一个指针变量，只需要传入该变量的内存地址（使用&var1）即可。在函数中对指针所指的值进行递增操作时注意要用小括号将*ptr1 括起来，如果不加上小括号，这个式子会被视为对 ptr1 的地址进行递增，然后再取值。这段代码执行后，屏幕上将输出数字 101。

将指针作为参数的情况整理如表 8-1 所示。

表 8-1　指针作为参数的情况分类

参数为指针	传 值 参 数	传 址 参 数
对指针本身	没影响	有影响
对所指向的值	有影响	有影响

需要注意的是，如果将参数声明为 const，便不能进行传址的操作，这点对于传递一般的数值或指针都是成立的。

8.3.2 返回指针

指针也可以被当做返回值类型返回给主程序，其声明方式如下：

指针类型* 函数名称(变量类型 变量名称);

例如：

```
int* functionA()
{
    int var=100;
```

```
        int* ptr=&var1;
        cout<<*ptr<<endl ;
        return ptr;
}
```

当然，返回的类型必须与声明时一致，例如，在本例中声明返回类型为 int*，而返回的也是一个 int* 的指针 ptr。不过这段程序在返回指针时有一个大问题：返回的指针所指向的是个自动变量。

由于自动变量会在函数结束时一起从内存中删除，因此当主程序再利用它访问所指向的内存时，便会得到一个非预期中的数值。本例中 var 是个局部变量，ptr 是个指针指向它的地址。原本在函数中显示 *ptr 的值时会是 100。出了函数后，虽然返回一个同样指向该局部变量的指针，但是由于 var 连同函数一起删除了，所以如果继续想使用 *ptr，就会发现得到的不再是 100，而是个奇怪的数字。因此，返回指针通常会配合静态变量或全局变量一起使用。

8.4　指针与结构体

第 7 章中介绍过结构体的概念，一个结构体是一组变量的集合，使用它能够让程序的表示更为简洁与直观。由于结构体也是一种数据类型，因此可以声明结构体类型的指针来指向数据。

8.4.1　结构体类型指针的声明

下面举一个简单的结构指针声明：

```
struct people
{
    char name[20];
    int ID;
};
people* student=new people;
```

可以看出，结构体类型指针的声明与其他类型指针的声明并无很大差别，只不过要提前定义好结构体，将数据类型换成自定义的这个结构体类型。

声明结构体类型指针要注意的是：

（1）结构体在使用之前一定要先经过声明。

（2）初始化的操作一定不能忽略。

这样，程序设计人员才能顺利地编译程序。

8.4.2　结构体类型指针访问成员变量

使用结构体类型指针访问成员时有两种方式：

（1）使用"*指针名称" + "."。利用这种方式访问成员和访问一般的结构体类型有着类似的概念。因为"*指针名称"所代表的就是这个结构体变量本身，因此能够和普通的结构体变量使用相同的访问方式。例如：

```
(*student).ID=40;
```

不过和普通的结构体变量唯一不同的是星号（*）的处理。由于运算符"."的优先级高于"*"，因此，上例中必须使用小括号将 *student 括起来，这样才是结构变量的名称，否则编译器会认为是 student.age 再加上星号而发生错误，请读者在使用时千万留意。

（2）使用"指针名称" + "->"。另一种表示法是直接使用结构体指针来访问其成员。这时，它们的关系不再是"结构变量的成员"，而是"结构体指针所指向的成员"。因此，必须使用另一

种符号 "->" 来表示。使用结构体指针指向的成员的语法如下：

```
结构指针->结构成员
```

例如：

```
student->ID=40;
```

这样的写法与前面第一种方式有着相同的意义，都是在将指针 student 所指向的结构成员 ID 设为 40。

8.5　指针与数组

对指针变量进行算数运算，就是在对地址进行操作，相当于指向不同的内存空间，这使指针与数组的关系非常密切。通过指针逐一的移动，就可以一次访问数组的不同元素。下面来学习最常用的一维数组和指针相结合的使用。

8.5.1　指针与数组声明

数组和指针在 C++ 中关系十分密切，一个数组可以完全用指针的类型来表示，而一个指针也可以用数组方式表示。

首先来观察以下两种声明方式：

```
int Array1[10];
int* Array2=new int[10];
```

第一种方式声明了一个有 10 个元素的整数数组 Array1[]；而在第二种方式的声明中，左半部分乍看似乎是声明了一个整型类型的指针 Array2，但在等号右方却将它指向了一个包含 10 个元素的整数数组。事实上，这两种声明方式的功能几乎一模一样，唯一的差别是 Array1 是数组名称，相当于一个指针常量（在介绍数组时提到过，数组的名称其实是个内存地址），而 Array2 却是个指针变量。在程序中可以将其他内存地址指定给 Array2，因为它是个变量；而无法指定给 Array1，因为它是个常量（数组地址本身）。

此外，它们在使用上还有一些差别，例如：

使用数组声明可以立即指定初值，而使用指针声明数组则不行。

数组声明时可以使用以下的语法声明初值：

```
元素类型 数组名[数组大小]={初值};
```

相对的，在利用指针声明时则没有这个便利，必须在事后一个个加以定义才行。

使用数组声明其大小必须是常量值，而使用指针则可以用变量。

一个数组声明时其大小必须为一个"无符号整型常量值"。这层限制使程序在处理时缺乏灵活性。例如，存储用户输入的字符串时，不能按照用户输入的多少声明一个大小刚好的数组，然而如果改用指针的声明样式时则没有这层限制。因此，使用指针可以增加灵活性并减少资源被浪费。

8.5.2　指针与数组元素

本书的前几章中已经介绍过使用数组名与索引值的方式找到数组中某个特定的元素，其语法结构如下：

```
数组名[索引值]
```

本节中则要介绍如何通过指针把数组元素找出来。

在 C++ 中，由于编译器提供了自动判断元素大小的功能，所以可以直接在数组地址的基础上与索引值进行加减法运算，用来表示数组元素的地址，其语法结构如下：

数组名+索引值

上式中数组名所代表的就是数组的起始地址，编译器会自动将索引值与一个元素的大小相乘后再加上这个地址，这样便能找到数组中的每个元素。例如，一个名为 array1 的数组，其第一个元素的地址为（array1），第二个为（array1+1），第三个为（array1+2）。如果要访问该元素的值时只需在前方加上星号（*）即可，如下所示：

*(数组名+索引值)

因此，可以将指针指向数组的首地址，然后和数组的索引值进行计算，它所指到之处就是相应的数组元素，可以进一步更改该指向的地址中的值，也就相当于更改数组元素的值了。

综上所述，当一个指针已经指向了数组的首地址时，可以两种方式通过该指针找到数组元素：

指针名[索引值]

或

(指针名+索引值)

【例8-5】

指针与数组相结合的使用。

本例在指针指向数组首地址的基础上，通过指针指向各个不同的数组元素并进行输出，然后又通过指针改变数组元素的值，最后输出改变后的数组内容。程序代码如下：

```
01  #include <iostream>
02  using namespace std;
03
04  void main()
05  {
06      int arr[5]={2,4,6,8,10},i;
07      int *pt;
08      pt=arr;
09      for(i=0;i<5;i++)
10          cout<<"第"<<i+1<<"个元素是"<<*(pt+i)<<endl;
11
12      for(i=0;i<5;i++)
13          pt[i]=i*10;
14
15      cout<<endl<<"重新赋值后: "<<endl;
16      for(i=0;i<5;i++)
17          cout<<"第"<<i+1<<"个元素是"<<arr[i]<<endl;
18
19  }
```

程序运行结果如图 8-6 所示。

本例的主要代码分析如下：

第 6 行：声明并初始化数组 arr[]，包含 5 个元素，分别是 2、4、6、8、10。

第 7 行：声明指向整型数据的指针变量 pt。

第 8 行：将数组的首地址赋值给指针变量 pt，即指针 pt 指向数组 arr[]。

第 9、10 行：通过指针变量的变化指向各数组元素地址，加上 "*" 得到元素的值并输出。

第 12、13 行：通过指针变量与 "[i]" 的结合使用给各数组元素重新赋值。

第 16、17 行：通过数组名称加下标输出更改后的各数组元素值。

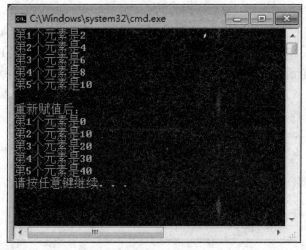

图 8-6 例 8-5 运行结果

8.5.3 指针与数组参数

将数组作为参数传入函数也可以写成指针的形式，以下两个函数声明是完全相同的：

```
void functionA( int Array1[]);
void fucntionB( int *Array1);
```

第一个函数声明其参数为一个整型类型的数组。实际上，编译器所进行的操作是另外指定一个名称为 Array1 的指针，准备存储传递过来的实参数组的起始地址。因此，在 C++中以数组类型的方式声明函数的参数和以指针类型声明并没有差别。

第二个函数声明了一个参数为整型类型的指针。由于指针可以指向数组的首地址，所以可以允许下列的程序：

```
void fucntionB(int *Array1)
{
    Array1[0]=100;
    Array1[1]=200;
}
```

上一段程序代码虽然能够顺利编译，但其却有危险性。因为函数中并不知道传入的是否真的是个数组或只是个普通变量的指针。如果传入的是个指针，则 Array[0]对应的是指针所指的变量的值，可以改写如下：

```
*Array1=100;
```

真正的问题会发生在 Array[1]处，无论传入的是普通变量的指针还是数组，由于不知道该数组的实际大小，所以很有可能访问到在声明之外的内存空间。如果传入的只是个普通变量指针，Array[1]已经超出原本声明的范围，有可能会访问到重要数据，但是编译器却不知道。许多的程序错误便在这种情况下产生了。

【例8-6】

指针与数组作为函数参数相结合的使用。

本例先声明了两个数组，并赋予其中一个数组初始值，而另一个数组则没有，接着利用指针的方式读取数组，并复制给另一个数组。

其中，arr1 数组中的值是程序一开始赋予的初始值，而 arr2[]中的值则是通过指针的方式，读取 arr1 而复制来的。

程序先自定义一个"复制数组"的函数，然后将赋予初始值的 arr1[]传入此函数，通过函数中的复制，让 arr2[]与 arr1[]相同，最后输出 arr2[]中的元素值。当中的函数（Function）则是一个用户自定义的函数，这个函数中运用了指针的方式复制数组，下面来看这个函数中的指针是如何编写与执行的。

程序代码如下：

```
01   #include <iostream>
02   using namespace std;
03
04   const int N=5;
05
06   void copy_elem(int *from,int *to);
07
08   void main()
09   {
10       int arr1[N]={0,1,2,3,4};
11       int arr2[N];
12       int i;
13
14       cout<<"第一个数组的元素是: ";
15       for(i=0;i<N;i++)
16       {
17           cout<<arr1[i]<<" ";
18       }
19
20       cout<<endl;
21
22       copy_elem(arr1,arr2);
23
24       cout<<"第二个数组的元素是: ";
25       for(i=0;i<N;i++)
26       {
27           cout<<arr2[i]<<" ";
28       }
29       cout<<endl;
30   }
31
32   void copy_elem(int *from,int *to)
33   {
34       for(int i=0;i<N;i++)
35       {
36           to[i]=from[i];
37       }
38   }
```

程序运行结果如图 8-7 所示。

图 8-7　例 8-6 运行结果

本例中的主要代码分析如下：

第 4 行：声明常量变量 N，其数据类型为整数，表示数组的大小。

第 6 行：声明一个函数，其返回值类型为 void，表示此函数没有返回值。函数的名称为 copy_elem，传入两个参数，其数据类型都是 int*，第一个参数表示来源数组，第二个参数表示目的数组。

第 10 行：初始化 arr1[] 数组，当中的数组元素为 0、1、2、3、4。

第 11 行：声明数组 arr2[]，但不给予初始值，作为稍后复制数组时的对使用。

第 12 行：声明一个整型，作为循环使用。

第 15～18 行：通过循环的方式直接将数组中所有的元素显示出来。

第 22 行：将 arr1[] 与 arr2[] 传入自定义的函数中。

第 25～28 行：将复制好的 arr2[] 显示出来。

第 32～38 行：定义函数 copy_elem，通过循环将第一个数组中的元素赋值给第二个数组对应的元素。

在 copy_elem 这个自定义函数中有两个可接受传入的"参数"，分别是：

```
int *from;
int *to;
```

前者为一个整数数据类型的指针，作为复制的来源数组；后者则是一个整型数据类型的指针，作为复制好的数组。需要注意的是，只有在数组作为参数时才可以写成指针的类型，平时它是没有这些特性的。

【例8-7】

指针与数组相结合的综合使用。

本例中先将默认学生的姓名、座号显示出来，接着询问用户要更改哪位学生的资料，并利用指针的方式找到该名学生在内存中的地址，并更新学生资料，最后才将全班的数据输出。程序代码如下：

```
01  #include <iostream>
02  using namespace std;
03  const int N=3;
04  struct Student
05  {
06      char name[80];
07      int num;
08  };
09
10  void printInfo(const Student *pcs);
11  void modify(Student *ps,const Student *s,int index);
12
13  void main()
14  {
15      Student students[N]=
16      { {"钢琴王子",101},{"大河马",102},{"狠角色",103} };
17      Student newS;
18      int index;
19
20      cout<<"<学生花名册>";
21      printInfo(students);
22
23      cout<<endl<<"想要修改第几个学生信息<1..3>";
24      cin>>index;
25      if((index <=3)&&(index>=1))
```

```
26      {
27          cout<<"输入学生姓名: ";
28          cin>>newS.name;
29          cout<<"输入学生学号: ";
30          cin>>newS.num;
31          modify(students,&newS,index);
32          cout<<endl<<"**********************";
33          cout<<endl<<"<更新花名册>";
34          printInfo(students);
35          cout<<endl<<"**********************";
36      }
37      cout<<endl;
38  }
39
40  void printInfo(const Student *pcs)
41  {
42      for(int i=0;i<N;i++)
43      {
44          cout<<endl<<'['<<i+1<<']'<<"  "
45              <<(*(pcs+i)).name<<"  "
46              <<*(pcs+i)).num;
47      }
48  }
49
50  void modify(Student *ps,const Student *s,int index)
51  {
52      strcpy((*(ps+index-1)).name,s->name);
53      (*(ps+index-1)).num=s->num;
54  }
```

程序运行结果如图 8-8 所示。

图 8-8 例 8-7 运行结果

本例的主要代码分析如下:

第 3 行: 声明常量变量 N, 其数据类型为整型, 表示数组的大小。

第 4~8 行: 声明结构 Student, 有两个成员包含其中, name 表示学生名称, num 表示学号。

第 10 行：声明函数 printInfo[]输出学生资料，参数 pcs 表示学生数组指针。

第 11 行：声明函数 modify[]用来修改学生资料，参数 ps 表示学生数组指针，s 表示想要修改的学生新数据，index 表示学生在数组中的索引位置。

第 15、16 行：声明数组变量 students[]，包含 3 个元素，其数据类型为 Student，并设置其初值。

第 17 行：声明变量 newS，数据类型为 Student，该变量用来表示想要修改的学生资料。

第 18 行：声明整型变量 index，代表此学生在数组中的位置。

第 20、21 行：输出初始的学生资料。

第 23～30 行：要求用户输入想要修改的学生资料。

第 31 行：调用 modify 函数，修改学生资料。

第 32～35 行：输出修改过后的学生资料。

第 40～48 行：函数 print()的定义。

第 50～54 行：函数 modify()的定义。

这个程序是一个基本的指针与数组元素的使用，程序第 50 行中有 3 个可传入的参数，分别是：

（1）Student *ps：学生资料结构的指针。

（2）Student *s：更改后学生资料结构的指针。

（3）int index：学生座号索引值。

只要调用此函数（Modify()），输入所要修改的学生座号，再通过指针的方式（ps[index−1]）找到该条学生的资料，接着再利用 strcpy()复制字符串即可完成数据更新操作。

小　结

本章介绍了一些非常重要的概念，因为在 C++中可以广泛地使用指针，因此要好好掌握这一章的内容。

本章的主要内容如下：

- 指针是用来保存地址的变量。
- 声明指针变量时要在类型后面加上"*"，以表示该变量是指针类型，用来"指向"某一地址。
- 声明指针时所写的类型表示的是该指针变量所描述的地址是什么类型数据的地址。
- 使用地址运算符"&"可以获取变量的地址。
- 直接使用指针变量，相当于对地址进行操作。
- 在指针变量前加上"*"进行使用，相当于得到地址中的值。
- 可以对存储在指针中的地址进行加减整数值的运算，相当于移动指针，指向不同的地址单元。
- 可以在函数的返回值、参数处使用指针类型。
- 指针作为函数的参数，在函数中改变指针所指向的数据的值，该变化在函数调用结束后仍会保留，通过实参反映出来。
- 可以通过指向数组的指针对数组进行便捷地操作，此时指针的加减整数变化相当于在不同的数组元素中改变指向，配合运算符"*"即可得到不同数组元素的值。

上 机 实 验

1. 编写一个程序，声明并初始化一个数组，其中包含 5 个偶数。执行一个 for 循环，输出该数组的所有内容。然后定义一个指针，指向该数组，通过指针进行操作，再写一个 for 循环输出该数组的所有内容。

2. 改写上题，利用指向该数组的指针对数组重新赋值，使得该数组保存前 5 个奇数。操作完成后，通过数组名称和下标来引用每一个数组元素，输出它们的值，观察程序运行结果。

3. 使用函数实现上题。将修改数组数据的功能定义到一个函数中，该函数使用指针作为参数，功能是对指针所指向的数组的各元素进行加一的运算，更改数组元素内容。在主函数中自定义保存前 5 个偶数的数组，调用函数对该数组进行处理，然后输出更改后的各元素值。

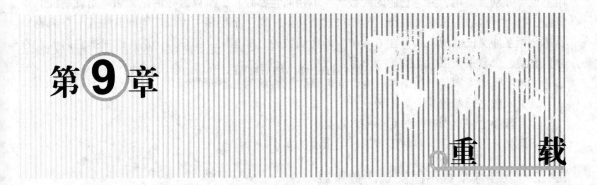

第**9**章

重 载

重载（Overload）是 C++所提供的新增语法。它总共分为两种类型：函数的重载与运算符的重载。目的是使程序更直观、更为易读。函数的重载使得函数能够以相同名称来处理不同的数据，实现相同的功能；运算符的重载使得自定义类型的数据也能够使用 C++内建的运算符来进行运算。

接下来将仔细介绍这两种重载，以及重载的方法和使用重载的正确时机。

学习目标
- 理解重载的含义
- 掌握函数重载的实现和使用
- 掌握运算符重载的实现和使用

9.1　函数的重载

函数的重载可以实现在一个程序中使用同名的若干个函数，而不会产生冲突。其重点是给定名称的若干个函数相互之间必须有不同的参数列表。利用函数的重载，程序可以变得更加简洁，易读易用。

9.1.1　函数重载的概念

有时候人们需要两个或多个函数完成相同的任务，但其参数表却不同。如果分别定义每个函数，那么程序的编写和使用就会相当麻烦。例如：

```
int maxTwoInt(int a,int b)
{
    return a>b?a:b;
}
int maxThreeInt(int a,int b,int c)
{
    int m=a>b?a:b;
    return c>m?c:m;
}
double maxTwoDouble(double x,double y)
{
```

```
        return x>y?x:y;
    }
```

上例中，为了进行 2 个整数、3 个整数、2 个实数之间最大值的比较，建立了 3 个函数。在使用上也要分别去调用，因为它们的函数名各不相同且都较长，所以这样的定义和使用就显得十分笨拙、费力。函数的重载可以帮人们解决这个问题：同一个程序中可以使用同名的若干个函数，而不会相互冲突或混淆。因为在 C++中，即使函数的名称相同，编译器仍然可以根据它们传入的参数类型、个数来调用明确的某一个函数。

实际上，如果满足下列条件，两个同名函数就被认为是不同的：

（1）函数之间参数的个数不同。

（2）函数之间至少有一对对应的参数类型不同。

下面就分别来学习这两种形式的函数重载的实现。

9.1.2 以参数个数不同实现函数重载

拥有不同参数个数的函数，编译器会将它们视为不同的函数来处理。由于这个特性，人们可以让程序根据不同情况处理不同参数。例如，下面两个函数即声明两种不同的情况：

```
void printS(char string[]);
void printS(char string[],int n);
```

这里让参数个数为 1 的函数在屏幕上输出一串文字，而个数为 2 的函数是将这串文字输出 n 次。它们的功能近似，都是显示字符串，如果以不同的函数名称来表示，会增加阅读上的困扰、麻烦，反之都以 printS 表示，则会让程序设计变得更为直观，只需要一个 printS 就可以根据传入不同个数的参数进行不同的处理。

【例9-1】

以参数个数不同实现函数重载。

本例将以参数个数的不同实现函数的重载。程序中有 3 个名称相同、传入参数个数不同的函数，它们彼此都被编译器视为单独的个体来处理。

程序会依序调用没有参数、有一个参数及两个参数的函数，并对其传入的参数进行处理。程序代码如下：

```
01  #include <iostream>
02  using namespace std;
03
04  void printS()
05  {
06      cout<<"无参的 printS()方法被调用"<<endl;
07  }
08  void printS(char string[])
09  {
10      cout<<string<<endl;
11  }
12  void printS(char string[],int n)
13  {
14      for(int i=0;i<n;i++)
15          cout<<string<<endl;
16  }
17
```

```
18  void main()
19  {
20      printS();
21      printS("hello");
22      printS("nice day!",3);
23  }
```
程序运行结果如图 9-1 所示。

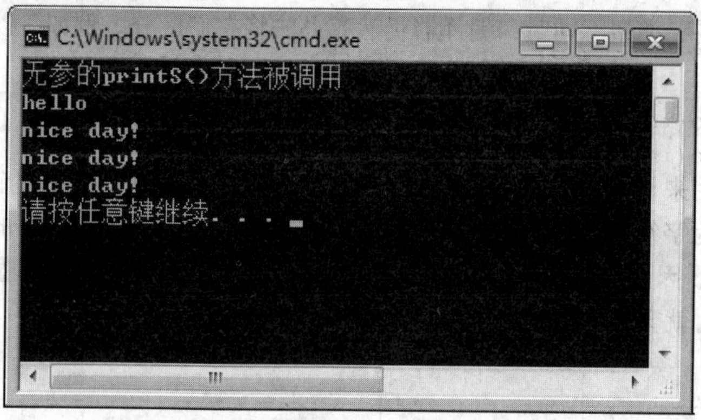

图 9-1　例 9-1 运行结果

本例的主要代码分析如下：

第 4～7 行：定义没有参数的函数 printS()，用来显示"无参的 printS()方法被调用"。

第 8～11 行：定义有一个参数 string 的函数 printS()，用来显示 string 的内容。

第 12～16 行：定义有两个参数 string 与 n 行的函数 printS()，用来显示 n 行 string 的内容。

第 18～23 行：主函数 main()，分别调用 3 个 printS ()函数。

在本程序中，3 个函数都取了相同的名称 printS()，但参数表互不相同，实现函数的重载。这里区分它们的条件就是参数个数的不同。例如，调用 printS()时就知道其对应的是 void printS()，而调用 printS("hello")时就知道其对应的是 void printS(char[])，而调用 printS("nice day!",3)时就对应 void printS(char[], int)。这样就不必担心编译器会将它们搞混。

在使用函数重载这项特性时，有两点要特别注意：

（1）返回值类型不是函数重载的条件，不能通过返回值类型的不同来实现函数重载。

（2）函数重载尽量不要和默认参数值的函数一起使用。

默认参数值的函数在第 5 章中介绍过，就是在函数声明时直接定义它的参数默认值，之后如果没有输入时便会以这个默认值来当做参数传入的值。例如：

`void printS(char string[]="test",int n=10);`

此时，如果输入 printS()，会将 string 设为 test，n 设为 10；如果输入 printS ("hello")，会将 string 以 hello 传入，但 n 仍以默认值的 10 来传入；但如果输入 printS(5)，则会因为无法对应同类型的参数而发生错误。如果读者对以上所述仍不太清楚，可以翻回第 5 章介绍默认函数值的部分复习一下。

由于使用默认函数值的这项特性，使得在调用函数时会产生模棱两可的状态，例如以下两个函数的声明：

`void printS();`
`void printS(char string[]="test",int n=10)`

其中，第一个是没有参数的函数；第二个是有两个参数的函数，每个都有默认值。乍看之下如此的声明并无不妥，如果调用 printS("hello")、printS("ok",3)都不会发生问题：编译器都会知道它们调用的是第二个函数。然而如果调用 printS()时，究竟要选择第一个没有参数的，还是选择第二个给予默认参数的函数呢？遇到这种模糊的情况，编译器会什么都不做而直接产生错误信息告知这种情况的产生。因此，在使用时需要注意。

9.1.3 以参数类型不同实现函数重载

在参数个数相同、类型不同时，编译器仍然有办法将它们区分。例如，以下两个函数的声明就被视为不同：

```
void showInfo(int m,char content);
void showInfo(int m,char content[]);
```

这两个函数被用来显示 content 的内容，次数为 m 次。虽然它们的参数个数都是两个，但是第二个参数函数 1 为字符类型，而函数 2 为字符数组类型。就因为这个小小的差异，使得编译器有能力去辨认它们。因此在调用 showInfo(5,'c')时编译器就会去调用函数 1 显示 5 个 c，而调用 showInfo(2, "ACD")时就会去调用函数 2 而显示 ACD 两次。

【例9-2】

以参数类型的不同实现函数重载

本例定义了 3 个比较大小的 larger()函数，用来给定两个数据找出较大值。3 个函数的参数类型各不相同，分别比较 double 类型、long 类型、string 类型的数据。在调用时会根据实际处理的数据的类型自动找到最匹配的函数来处理。程序代码如下：

```
01  #include <iostream>
02  #include <string>
03  using namespace std;
04
05  double larger(double a,double b)
06  {
07      return a>b?a:b;
08  }
09
10  long larger(long x,long y)
11  {
12      return x>y?x:y;
13  }
14
15  string larger(string str1,string str2)
16  {
17      int result=str1.compare(str2);
18      return result>=0?str1:str2;
19  }
20
21  void main()
22  {
23      double a,b;
24      long x,y;
25      string s1,s2;
26      cout<<"请输入两个double数: "<<endl;
```

```
27        cin>>a>>b;
28        cout<<"请输入两个 long 数: "<<endl;
29        cin>>x>>y;
30        cout<<"请输入两个字符串: "<<endl;
31        cin>>s1>>s2;
32        cout<<a<<"和"<<b<<"之间较大的是"<<larger(a,b)<<endl;
33        cout<<x<<"和"<<y<<"之间较大的是"<<larger(x,y)<<endl;
34        cout<<s1<<"和"<<s2<<"之间较大的是"<<larger(s1,s2)<<endl;
35   }
```

程序运行结果如图 9-2 所示。

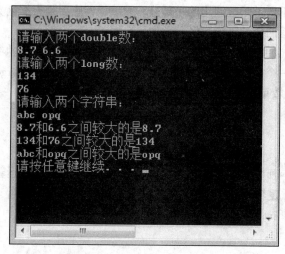

图 9-2　例 9-2 运行结果

本例的主要代码分析如下：

第 5～8 行：定义 larger 函数，有两个 double 类型的参数，返回它们之间的较大值。

第 10～13 行：定义 larger 函数，有两个 long 类型的参数，返回它们之间的较大值。

第 15～19 行：定义 larger 函数，有两个 string 类型的参数，利用字符串处理函数 compare() 比较两个字符串参数。compare() 函数的结果为正数则前面的字符串大，为负则相反，为 0 表示相等。根据结果返回较大的字符串。

第 23～25 行：分别声明 double、long、string 类型的变量各两个。

第 26～31 行：分别提示并读入用户输入的 3 种类型的数据各两个。

第 32～34 行：调用 larger() 函数，对不同类型的数据进行处理，输出比较结果。

 注 意

　　main() 函数中的变量 a、b、x、y 与 larger() 函数定义中的 a、b、x、y 是不同的变量，它们不会冲突，也不是同样的内容，各自在各自的作用域中相互独立。读者可以把 main() 函数或 larger() 函数中相应的变量改成其他名称，不会影响程序的运行。

　　本例中，当人们在 main() 函数中把 a、b 传递给 larger() 函数时，会根据它们的类型自动调用第一个 larger(double, double) 函数；把 x、y 当做实参时，会自动调用第二个 larger(long, long) 函数。传递 s1、s2 时，会自动调用 larger(string, string) 函数。

　　由此可以看出，使用不同类型参数的函数重载确实非常好用，不过在此也有几点限制要说明：

　　(1) 传址和传值的陷阱：若只是简单的声明，这两种参数会被编译器视为不同的类型而能通过编译，然而，在使用时一不小心就会产生模糊状态。例如以下两个函数的声明：

```
void show(int Info);
void show(int& Info);
```

在声明时它们能共存于程序中，但是在调用 show(5)时，编译器将不知该使用传值还是传址。故最后的结果就是返回一个错误信息来告知用户又产生模棱两可的情况了。

（2）不能以返回值来分辨函数。这一点前面已经提到过，这里再次强调：不能以返回值来识别不同的函数。因此下面两个函数的声明将不能同时存在：

```
int returnValue();
char reutrnValue();
```

这是由于返回值并不属于函数调用的一部分，而编译器主要是根据函数调用来对重载函数进行区分的，因此无法以返回值的不同来区分函数。

（3）main()无法重载。主函数 main()是个很特别的函数。由于程序的执行都是由它开始，因此在一个程序中只能存在一个 main()函数。即使之前曾使用过 int main(int argc , char* argv[])及 void main()，但是并不算是函数重载，因为它们是不能共存于一个程序中的。

9.2　运算符的重载

第 3 章中介绍过 C++所提供的运算符，包括赋值运算符（ = ）、算术运算符（ +、−、*、/ ）、关系运算符（ >、<、== ）、逻辑运算符（ &&、‖ ）及位运算符（ >>、<< ）等。这些运算符可以用于 C++内建类型的运算，如 int、float、char、bool 等。例如：

```
int var1=0;
int var2=0;
cin>>var1;
cin>>var2;
if(var1==var2)
{
    cout<<"内容相等!";
}
```

对于基本类型的运算，C++的编译器知道该如何去处理这些操作。然而对于一个自定义类型而言，若贸然使用这些运算符对其进行操作，C++将无法得知该如何处理而产生错误信息。例如：

```
struct people
{
    int ID;
    char name[50];
};
people student1;
people student2;
cin>>student1;          //有问题的语句
cin>>student2;          //有问题的语句
if(student1 ==student2) //有问题的语句
{
    cout<<"内容相等!";
}
```

以上程序打算只使用cin>>就能输入一个 people 的结构体变量，同时使用符号"=="来判断两个变量是否相等。然而对于结构体变量，并不支持这些符号的操作，因此编译器并不知道如何处理"输入的结构"，以及什么是"相等的 people 结构变量"。

为此有两个处理方式：第一是在输入时分别输入各项的成员值，在判断等于时分别对各项成员值单独进行操作。例如：

```
cin>>student1.ID;
cin>>student1.name;
cin>>student2.ID;
cin>>student2.name;
if((student1.ID==student2.ID)&&(strcmp(student1.name,student2.name)==0))
{
    cout<<"内容相等!";
}
```

由于 people 的成员 ID 是整型类型、name 是字符数组，都是编译器能处理的，因此这样写可以完成所需的目标。但是，这样的写法显然太烦琐了，对于操作的结构体对象整体而言还是不够直观。因此，C++提供了第二种解决方法：重载运算符，帮助人们更方便地使用这些运算符，扩展它们的功能。

9.2.1　运算符重载的语法

运算符重载是要让用户自己定义如何处理自定义类型变量，或是它如何与基本类型互相转换。这个定义过程的语法结构如下：

```
返回值类型 operator 运算符名称(参数类型 参数名称)
{
    运算符处理；
}
```

为了了解它的意义，人们可以将表达式想象成在调用函数：这个函数的名称是"operator 运算符名称"。例如，运算符"+"可以想象成加法函数：

```
int operator+(int var1,int var2)
{
    return(var1+var2);
}
```

进行 5+1 运算时便是调用这个加法函数，将它们在函数内相加后通过返回值传出函数。除了对整数相加外，它还定义了浮点数与双精度数的相加：

```
float operator+(float f1,float f2)
{
    return(f1+f2);
}
double operator+(double d1,double d2)
{
    return(d1+d2);
}
```

这么看来，使用"+"这个符号就像使用重载函数一样，例如，进行 1.02f + 2.01f 时调用参数为浮点数的加法函数，而进行 1+2 时则调用参数为整数的加法函数。因此，对于使用到自定义类型的加法时，只需要去重载这个加法函数，以该自定义类型为参数即可。例如：

```
Date operator+(Date day1,Date day2)
```

其中，"operator +"就是加法函数的名称，与其他处理基本类型的函数名称相同，用来处理 Date 这个自定义类型。接下来就来看看这些参数与运算符的作用。

9.2.2　运算符重载的参数

一个运算符可能只有一个操作数（如 day1++）或是两个操作数（如 day1+day2），重载时会由左向右将这些操作数当成参数传入。以加号"+"为例，它在实现加法时的操作为

操作数 1+操作数 2

所以在重载时，它也必须传入两个参数以对应到这两个操作数。

参数的个数会根据运算符的不同而定，人们并没有权力更改它的数量，必须依照它对基本类型的处理方法来进行。例如运算符"++"只有一个操作数，因此在重载时只能传入一个参数，而无法将它的运算类型改为两个操作数的写法，若写成"操作数 1 ++ 操作数 2"便会产生错误。

另一方面，由于人们自己写的运算符重载是为了扩展运算符的功能区处理自定义类型的数据，因此参数必须至少有一个是结构变量或后续会介绍到的类。如果全是基本类型就会发生错误，因为 C++内部已经事先定义好了，而人们无权去更改。请注意"自定义类型的指针"在此也会被认为是基本类型，所以一个重载运算符的函数中，参数必须至少有一个是非指针的自定义类型才行。

在此，参数也可以使用传值或传址的方式传入。同样的，使用传值参数时在函数中所做的变量并不会影响原本的变量，因为它所使用的只是一个复制而已。如果使用传址参数时函数内外都使用同一个地址，更改时将会影响原始数据。不过通常在进行运算符重载时都不会改变原值，只有在使用单一操作数的运算符重载时才有必要使用传址，这点会在之后的章节再做讨论。

9.2.3　运算符重载的返回值

像一般的函数一样，重载运算符时可以返回一个数值。以加法运算符（+）为例：

```
int operator+(int var1,int var2);
{
    return(var1+var2);
}
void main()
{
    int var1=4;
    int var2=var1+2;
}
```

当进行到"var2 = var1+2"时，相当于在进行调用加法函数 operator +(var1,2)，函数便会返回它们相加的结果 6 给 var2，此时 var1 的值仍然是 4。当然，对于一般的基本数据类型而言，只能用加法符号+而不能用加法函数 operator+()，但是在程序中使用重载运算符函数时则没有这种限制。

如果已经默认该运算不会返回任何结果时可以将返回类型写为 void，不过一般而言，使用运算符重载时函数都会返回与自己相同的类型，例如：

```
struct Time
{
    int hour;
    int minute;
    int second;
};
```

```
Time operator+(Time now,Time then)
{
    Time tmp;
    tmp.hour=now.hour+then.hour;
    tmp.minute=now.minute+then.minute;
    tmp.second=now.second+then.second;
    return tmp;
}

void main()
{
    Time t1={9,17,20};
    Time t2={1,2,10};
    Time t3=t1+t2;
}
```

上例中声明了一个自定义结构体 Time，它有 3 个成员 hour、minute 和 second。同时它重载了加法符号让两个 Time 类型的变量能相加，之后会返回一个同为 Time 类型的值指定给变量 t3。当然这并不是强制性的。人们也可以声明它重载时只会返回一个整数值，不过这样就显得没有实际意义。这里的时间相加只是简单模拟，并没有考虑到进位问题，稍后将看到更为完整的对时间结构体变量进行操作的示例。

掌握了重载运算符的语法之后，接下来将介绍如何实际去重载一元及二元运算符。

9.2.4　重载一元运算符

顾名思义，一元运算符就是只有一个操作数的运算符，其中最有名的莫过于递增符号（++）与递减符号（--）了，而本节也会以这两个符号为介绍重心。

由于只有一个运算符，因此它的重载函数中就只有一个传入的参数。不过这种运算符特别之处并不止于此，它还会以放在操作数的前后位置不同来决定其运行的方式，也就是人们常听到的前缀与后缀。

1．前缀运算符

以前缀而言，其形式如下：

++变量名称；

它相当于将变量加 1 后又再存回变量中，不过运行的时间会比较短。它进行递增的操作是在整个表达式尚未进行前，例如：

```
int var=20;
cout<<++var;
```

第二条语句要先让变量递增，然后再完成输出，相当于以下的程序代码：

```
int var=20;
var=var+1;
cout<<var;
```

因此所显示的值为 21。它是一元运算符默认的位置，所以其重置的语法也就比较简单。

【例9-3】

以在前面使用过的 Time 结构体为例，进行前缀递增的重载。

重载前缀递增运算符++，使其能够对 Time 时间结构体变量进行递增操作。程序代码如下：

```
01   #include <iostream>
02   using namespace std;
03
04   struct Time
05   {
06       int hour;
07       int minute;
08       int second;
09   };
10
11   Time operator++(Time& time)
12   {
13       ++time.second;
14       if(time.second>=60)
15       {
16           time.second-=60;
17           ++time.minute;
18       }
19       if(time.minute>=60)
20       {
21           time.minute-=60;
22           ++time.hour;
23       }
24       if(time.hour>=24)
25       {
26           time.hour-=24;
27       }
28       return time;
29   }
30
31   void main()
32   {
33       Time t1={11,59,59};
34       Time t2={19,30,50};
35       ++t1;
36       ++t2;
37       cout<<t1.hour<<":"<<t1.minute<<":"<<t1.second<<endl;
38       cout<<t2.hour<<":"<<t2.minute<<":"<<t2.second<<endl;
39   }
```

程序运行结果如图 9-3 所示。

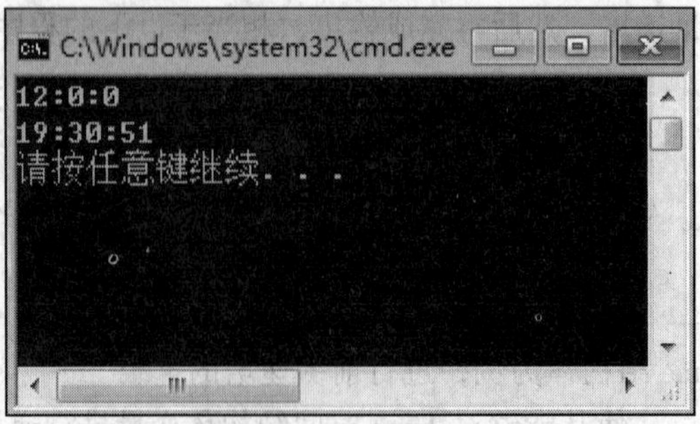

图 9-3　例 9-3 运行结果

本例的主要代码分析如下：

第 4～9 行：定义 Time 结构体类型，包含时、分、秒 3 个成员。

第 11～29 行：重载前缀++运算符。

第 13 行：操作数的秒数加 1。

第 14～18 行：若秒数足够或超过 60，则减去 60，向分钟进一位。

第 19～23 行：若分钟足够或超过 60，则减去 60，向小时进一位。

第 24～27 行：若小时足够或超过 24，则减去 24，从新开始小时计数。

第 31～39 行：main()函数，测试重载后的运算符对结构体变量的操作。

第 33、34 行：声明两个结构体类型变量 t1 和 t2，并各自赋好初值，一个代表 11 时 59 分 59 秒，另一个代表 19 时 30 分 50 秒。

第 35、36 行：使用前缀++对 t1、t2 进行操作。

第 37、38 行：输出递增后两个结构体变量的成员的数据。

本例中，运算符重载时传入了一个参数 time，它就是要进行递增的数据。请注意这里使用的是传址参数，因为递增的结果会影响到函数外的变量本身。故在函数中对其成员所进行的递增操作，在该函数外仍然有效。除此之外，这个重载函数还会顺利检查秒数递增后影响的分钟、小时的进位情况。由此可见，对自定义类型进行重载时不但是对它们的成员做操作，同时也可以进行检查让数据更为正确。

2. 后缀运算符

后缀和前缀是相对的概念，前缀是在其他操作还未进行前就先执行，而后缀则是等到其他操作处理后才执行，因此其结果往往有很大的差异。例如：

```
int var=20;
cout<<var++;
```

第二条语句用后缀递增运算符，因此要先实现变量的输出，然后才处理变量的递增，相当于以下的程序代码：

```
int var=20;
cout<<var;
var=var+1;
```

最后显示的结果仍是 20，var 会一直到 cout 执行完之后才递增。

前缀与后缀一元运算符都只有一个操作数，为了进行区分，在进行后缀运算符的重载时格式上会多加一个没有用的整型类型参数。这么做并没有其他特别的意义，只是为了简单区分两者而已。以 Time 结构为例：

```
Time operator++(Time& time,int var1)
{
    time.second++;
    if(time.second>60)
    {
        time.second-=60;
        time.minute++;
    }
    if(time.minute>=60)
    {
        time.minute-=60;
        time.hour++;
```

```
    }
    if(time.hour>=24)
    {
        time.hour-=24;
    }
    return time;

}
```

可以发现它在声明时多加了一个参数 var1，实际上这个参数从头到尾都没有被使用到，因此取什么名字都可以。它的存在仅是为了告知编译器这段程序是在进行递增符号的后缀重置工作。

该程序中，函数内部使用了与前缀相似的语法，只不过将前缀改为后缀而已。请读者在例 9-3 的基础上自己写出后缀递增运算符的重载和使用。

9.2.5　重载二元运算符

二元运算符在 C++中可以说是最多也是最常见的，因此为自定义类型重载时都少不了它。二元运算符就是有两个操作数的运算符，通常它们都是一左一右分布在运算符旁边。当重载这个运算符时，理所当然它有两个必有的参数。基本上，它可以分为两类，一种是指定型的运算符，如 =、+=，在其左侧的操作数会被其右侧的操作数处理而更改其内容。另一种则是非指定型，如+、&&等，是左右操作数都不会被更改的一类。因此对于前者，其第一个参数通常都会被设为传址的方式，而对于后者则多采用传值的方式。

在下面的范例程序中是以 Time 结构体为例，说明如何经过重载+、-、>、==等运算符来让程序更直觉美观。

程序本身的流程很简单，首先让用户输入两个时间，分别存于结构体变量 t1 与 t2 中。之后利用一个 Time 变量 sum 存储它们相加的结果。接着判断哪一个时间较大，并且按着大小的不同将它们相减，结果存储于另一个 Time 变量 sub 中。最后再显示 sum 和 sub 的值。

【例9-4】

重载二元运算符，对时间结构体类型变量进行操作。

程序代码如下：

```
01  #include <iostream>
02  using namespace std;
03
04
05  struct Time
06  {
07      int hour;
08      int minute;
09      int second;
10  };
11
12  bool operator==(Time t1,Time t2)
13  {
14
15      if((t1.hour==t2.hour)&&(t1.minute==t2.minute)
16                          &&(t1.second==t2.second))
17          return true;
```

```
18      else
19          return false;
20  }
21
22  bool operator>(Time t1,Time t2)
23  {
24      if(t1.hour>t2.hour)
25          return true;
26      else if(t1.hour==t2.hour){
27          if(t1.minute>t2.minute)
28              return true;
29          else if(t1.minute==t2.minute&&t1.second>t2.second)
30              return true;
31      }
32
33      return false;
34
35  }
36
37  Time operator+(Time& t1,Time t2)
38  {
39
40      Time tmp;
41      tmp.hour=t1.hour+t2.hour;
42      tmp.second=t1.second+t2.second;
43      tmp.minute=t1.minute+t2.minute;
44      if(tmp.second>=60)
45      {
46          tmp.second-=60;
47          ++tmp.minute;
48      }
49      if(tmp.minute>=60)
50      {
51          tmp.minute-=60;
52          ++tmp.hour;
53      }
54      if(tmp.hour>=24)
55      {
56          tmp.hour-=24;
57      }
58      return tmp;
59
60  }
61
62  Time operator-(Time& t1,Time t2)
63  {
64
65      Time tmp;
66      if(t1>t2)
67      {
68
```

```
69          tmp.minute=t1.minute-t2.minute;
70          if(t1.second-t2.second>=0)
71              tmp.second=t1.second-t2.second;
72          else
73          {
74              tmp.second=t1.second+60-t2.second;
75              t1.minute--;
76          }
77          if(t1.minute-t2.minute>=0)
78              tmp.minute=t1.minute-t2.minute;
79          else
80          {
81              tmp.minute=t1.minute+60-t2.minute;
82              t1.hour--;
83          }
84          if(t1.hour-t2.hour>=0)
85              tmp.hour=t1.hour-t2.hour;
86          else
87              tmp.hour=t1.hour+24-t2.hour;
88
89      }
90      else
91          cout<<"Invalid Time";
92      return tmp;
93
94  }
95
96  void main()
97  {
98      Time t1={0,0,0},t2={0,0,0},sum,sub;
99      cout<<"< 请输入第一个时间 >"<<endl;
100     cout<<"Hour   >";
101     cin>>t1.hour;
102     cout<<"Minute >";
103     cin>>t1.minute;
104     cout<<"Second >";
105     cin>>t1.second;
106     cout<<"<请输入第二个时间 >"<<endl;
107     cout<<"Hour   >";
108     cin>>t2.hour;
109     cout<<"Minute >";
110     cin>>t2.minute;
111     cout<<"Second >";
112     cin>>t2.second;
113     cout<<"t1 为"<<t1.hour<<":"<<t1.minute<<":"<<t1.second<<endl;
114     cout<<"t2 为"<<t2.hour<<":"<<t2.minute<<":"<<t2.second<<endl;
115     sum=t1+t2;
116     if(t1==t2)
117     {
118         sub=t1-t2;
119         cout<<"两值相等"<<endl;
```

```
120        }
121        else if(t1>t2)
122        {
123            sub=t1-t2;
124            cout<<"t1较大"<<endl;
125        }
126        else
127        {
128            sub=t2-t1;
129            cout<<"t2较大"<<endl;
130        }
131        cout<<"相加后是"<<sum.hour
132            <<" : "<<sum.minute
133            <<" : "<<sum.second<<endl;
134        cout<<"相减后是 "<<sub.hour
135            <<" :"<<sub.minute
136            <<" :"<<sub.second<<endl;
137 }
```

程序运行结果如图 9-4 所示。

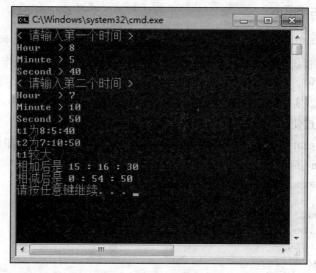

图 9-4 例 9-4 运行结果

本例的主要代码分析如下:

第 5～10 行: 声明结构体类型 Time, 其中有 3 个成员 hour、minute 及 second。

第 12～20 行: 为了计算两个 Time 变量的相等重载运算符 (==), 分别传入两个 Time 变量作为其参数。比较后返回一个布尔值。

第 22～35 行: 为了计算两个 Time 变量的大于的情况重载其运算符 (>), 其中分层次对 hour、minute 及 second 进行比较后返回一个布尔值。

第 37～60 行: 为了计算两个 Time 变量的相加结果重载其运算符 (+), 其中将成员各自相加, 并判断 second、minute、hour 的进位情况。

第 62～94 行: 为了计算两个 Time 变量的相减结果重载其运算符 (−), 先利用重载后的大于等于符号来判断是否两个时间相减是正值, 之后在对应成员减法的运算中若相减产生负值则向前面的成员借一位再运算。

第 96～137 行：主函数。

第 98 行：声明 4 个结构体变量 t1、t2、sum 及 sub，为 t1、t2 的成员赋初始值为 0。

第 99～105 行：输入 t1 中的 3 个成员值。

第 106～112 行：输入 t2 中的 3 个成员值。

第 113、114 行：显示这两个时间。

第 115 行：声明结构体变量 sum，并利用重载的加号将两个时间相加赋给 sum。

第 116～130 行：利用重载的等于、大于符号判断 t1 及 t2 的值的大小，并且将其相减的非负值存于 sub 中。

第 131～136 行：显示 t1 及 t2 相加与相减的结果。

本程序虽然看似复杂，其实结构非常简单。因为它只不过是对大于、等号、加号、减号进行重载而已，只是在计算的过程中要根据时间的特点注意数值间的进位、借位关系。如果想再对 Time 结构变量使用其他的符号时，就要再新增一个重载的函数。由此可以知道，为了要让自定义类型的运行模式更接近于基本类型而对每一种运算符都进行重载的话，其工程一定是非常庞大的。

不过本程序有一个小小的遗憾，就是在使用 cin 和 cout 时并没有对 Time 这个结构体类型进行更为直观简洁的操作。事实上这是可以做得到的，接下来就来看看该如何进行。

9.2.6　重载 cin 与 cout

cin 与 cout 是 C++中所提供的类 istream 及 ostream（可以想成结构的加强版，第 11 章将会具体介绍）所产生的对象（可以想成变量的一种），专门负责输入及输出的操作。之前提过，由于类也是自定义类型的一种，在使用加减乘除大于小于等符号时都面临着不被编译器认识的问题，因此必须先进行重载。事实上，C++已经在 iostream 这个文件中为人们重载好<<及>>这两个符号了，以便让 cin 及 cout 通过使用这些运算符来进行输入及输出基本类型的操作。如果人们想对自定义类型也使用 cin >>和 cout <<时，同样也可以通过重载的方法让编译器知道如何去执行。现在就来看看以 cin>>输入 Time 结构和以 cout <<输出的语法：

```
istream& operator>>(istream& i,Time &time)
{
    cout<<"Hour   >";
    cin>>time.hour;
    cout<<"Minute >";
    cin>>time.minute;
    cout<<"Second >";
    cin>>time.second;
    return i;
}

ostream& operator<<(ostream &o,Time &time)
{
    cout<<time.hour<<":"<<time.minute<<":"<<time.second<<endl;
    return o;
}
```

在此可以发现，重载 cin 与 cout 其实和一般重载的语法没两样，其中的 istream 及 ostream 是 cin 及 cout 两个对象的类类型，而它们都在运算符（<<及>>）左侧，故放在第一个参数上，同时由于其值会改变，因此以传址方式传入。运算符右侧则是用户自定义的 Time 类型，因此设为第二个参数。在重载的函数中，以普通的输入及输出方式分别处理 Time 各自的成员。因此声明完毕后，Time 结构的输入及输出操作就变得和一般的数据类型一样了。

【例9-5】

重载 cin 和 cout 对 Time 时间结构体变量进行操作。

在例 9-4 的基础上增加对 cin 和 cout 的运算符重载,使其能够直接进行 Time 结构体变量的输入输出操作。程序代码如下:

```
01  #include <iostream>
02  using namespace std;
03
04
05  struct Time
06  {
07      int hour;
08      int minute;
09      int second;
10  };
11
12  bool operator==(Time t1,Time t2)
13  {
14
15      if((t1.hour==t2.hour)&&(t1.minute==t2.minute)
16                          &&(t1.second==t2.second))
17          return true;
18      else
19          return false;
20  }
21
22  bool operator>(Time t1,Time t2)
23  {
24      if(t1.hour>t2.hour)
25          return true;
26      else if(t1.hour==t2.hour){
27          if(t1.minute>t2.minute)
28              return true;
29          else if(t1.minute==t2.minute&&t1.second>t2.second)
30              return true;
31      }
32
33      return false;
34
35  }
36
37  Time operator+(Time& t1,Time t2)
38  {
39
40      Time tmp;
41      tmp.hour=t1.hour+t2.hour;
42      tmp.second=t1.second+t2.second;
43      tmp.minute=t1.minute+t2.minute;
44      if(tmp.second>=60)
45      {
```

```
46              tmp.second-=60;
47              ++tmp.minute;
48          }
49          if(tmp.minute>=60)
50          {
51              tmp.minute-=60;
52              ++tmp.hour;
53          }
54          if(tmp.hour>=24)
55          {
56              tmp.hour-=24;
57          }
58          return tmp;
59
60  }
61
62  Time operator-(Time& t1,Time t2)
63  {
64
65          Time tmp;
66          if(t1>t2)
67          {
68
69              tmp.minute=t1.minute-t2.minute;
70              if(t1.second-t2.second>=0)
71                  tmp.second=t1.second-t2.second;
72              else
73              {
74                  tmp.second=t1.second+60-t2.second;
75                  t1.minute--;
76              }
77              if(t1.minute-t2.minute>=0)
78                  tmp.minute=t1.minute-t2.minute;
79              else
80              {
81                  tmp.minute=t1.minute+60-t2.minute;
82                  t1.hour--;
83              }
84              if(t1.hour-t2.hour>=0)
85                  tmp.hour=t1.hour-t2.hour;
86              else
87                  tmp.hour=t1.hour+24-t2.hour;
88
89          }
90          else
91              cout<<"Invalid Time";
92          return tmp;
93
94  }
95
96  istream& operator>>(istream& i,Time &time)
```

```
97   {
98        cout<<"Hour    >";
99        cin>>time.hour;
100       cout<<"Minute >";
101       cin>>time.minute;
102       cout<<"Second >";
103       cin>>time.second;
104       return i;
105  }
106
107  ostream& operator<<(ostream &o,Time &time)
108  {
109       cout<<time.hour<<":"<<time.minute<<":"<<time.second<<endl;
110       return o;
111  }
112
113
114  void main()
115  {
116       Time t1={0,0,0},t2={0,0,0},sum,sub;
117       cout <<"<请输入第一个时间  >"<<endl;
118       cin>>t1;
119       cout<<"<请输入第二个时间  >"<<endl;
120       cin>>t2;
121       cout<<"t1 为";
122       cout<<t1<<endl;
123       cout<<"t2 为";
124       cout<<t2<<endl;
125       sum=t1+t2;
126       if(t1==t2)
127       {
128            sub=t1-t2;
129            cout<<"两值相等"<<endl;
130       }
131       else if(t1>t2)
132       {
133            sub=t1-t2;
134            cout<<"t1 较大"<<endl;
135       }
136       else
137       {
138            sub=t2-t1;
139            cout<<"t2 较大"<<endl;
140       }
141       cout<<"相加后是"<<sum.hour
142            <<" : "<<sum.minute
143            <<" : "<< sum.second<<endl;
144       cout <<"相减后是 "<<sub.hour
145            <<" : "<<sub.minute
146            <<" : "<<sub.second<<endl;
147  }
```

程序的功能运行效果与例 9-4 完全相同。请读者自己进行代码的分析和对比。

小　结

本章介绍了关于 C++中重载的相关内容，主要是函数重载和运算符重载。重载充分体现了面向对象多态的特点，同时为编写程序带来了方便。要根据应用程序的需要来决定重载哪些函数和运算符。

本章的主要内容如下：

- 重载函数是名称相同、单参数列表不同的函数。参数列表不同指的是参数的个数及类型有所不同。
- 返回值类型不同不能使函数构成重载。
- 在调用重载函数时，编译器会检查函数签名，把它与可用的函数做比较，然后选择最匹配的函数进行调用。
- 可以重载运算符，以提供针对相应自定义类型的功能。同时要确保重载运算符的实现不会与标准形式的运算符产生冲突。
- 如果一元运算符定义为成员函数，操作数就是自定义类型的对象。
- 如果二元运算符定义为成员函数，左操作数就是类对象，右操作数就是函数的参数。
- 要重载递增、递减运算符，需要用两个函数分别提供运算符的前缀和后缀形式。
- 实现后缀运算符的函数有一个 int 类型的额外参数，它仅用于与前缀函数进行区分。

上 机 实 验

1. 创建一个函数 plus()，它把两个数值加在一起，返回它们的和。提供处理 int、double 和 string 类型的重载版本，测试它们是否能处理不同类型数据的加法运算。

2. 重载函数 getVol()，使其实现计算立方体体积的功能，返回体积值。提供处理一个 int 参数、两个 int 参数、3 个 int 参数的重载版本，分别用来处理长宽高全部相等、有两个相等、各自不等的立方体情况。测试重载函数的使用。

3. 重载+运算符，提供字符串连接功能。测试 s1=s2+s3；语句正确运行。提供+=运算符，这个运算符应返回什么值？

4. 重载[]，提供对字符串中单个字符的访问。于是，s1[4]返回 s1 中的第五个字符。

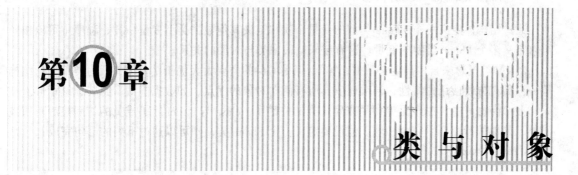

第10章

类 与 对 象

C++是一种面向对象的程序语言，"类与对象"的概念是C++语言学习的重点。

类（Class）是所有面向对象程序语言的重点，没有了类，这个程序语言就不能称为是面向对象的。C++程序就是由许许多多的类构筑而成的。

其实"类"与"对象"的关系就像是模板与成品之间的关系。"类"就像是一个模板，用来制作与该模板相似的成品，这个由类制作出来的成品，就是"对象"。

在C++程序中，几乎随时可以见到"对象"与"类"的踪迹，许多常用的功能都已经被封装成一个个的类，以供开发人员在开发程序时取用，进而节省时间和成本。想学好C++，认识对象与类的使用、操作方法是必备的课题。

学习目标

- 理解类与对象的概念
- 掌握类的成员函数的编写和使用
- 掌握构造函数的编写及作用
- 掌握对象的复制
- 掌握析构函数的编写及作用

10.1 类与对象的概念

C++语言中已经包含许多常用、好用的"类"，无论是自用还是开发项目，都非常方便，可有良好的工作效率。一个专业的C++开发人员还要具备自行设计类的能力。

10.1.1 类与结构体

之前已经学会了使用数据类型声明变量，但是仅依靠着这些数据类型无法表现出真实世界的情形，例如，人们很难用一个 int 类型表示一组电话号码。由此，人们又掌握新的自定义类型：结构体。使用"结构"的方式来定义一组完整的电话号码，可以用 regional_code 表示区号，exchange_code 表示交换码，number_code 表示电话号码，并将这些变量组成一个 Phone 结构：

```
struct Phone
{
    int regional_code;
```

```
    int exchange_code;
    int number_code;
};
```

通过结构体定义一个 Phone 类型的变量，就和定义其他数据类型变量一样，程序中可以按照需求定义多个 Phone 类型的变量。这看起来就很像类与对象的关系。

C++的类概念来自"自定义数据结构"，但是 C++的类要大大优于结构体，因为类不仅与结构体一样具有方便使用的特性，同时还兼具所有面向对象的优点，如数据隐藏、封装、继承等。

在 C++语言中，class 是专门用来定义类的关键字，class 与 struct 除了成员的访问控制有所差异外，其他的特性几乎完全相同。假设要定义一个 Phone 类，则可以通过下列的语句完成：

```
class Phone
{
    public:
        int regional_code;
        int exchange_code;
        int number_code;
}
```

类与结构体相似极了。定义一个类，就相当于定义一个新的数据类型，与结构体的概念是一模一样的，最大的不同处就是 class 取代了 struct。此外，类中还多了个 public 语句，其后的变量就是该类的"数据成员"，它们用于存储数据。

public（公共的）关键字可以区分结构体与类，因为使用 public 的类成员是可以被其他程序访问，就像结构体的成员一般。但是，那些没有设置成 public 的类成员，其他程序并没有权力访问，也就是说，类内的变量数据是被保护的，可以防止其他程序擅自改动数据。

如果省略 public 关键字，C++会将成员变量默认成 private（私有的）。也就是说，除了该类内的程序外，其他程序不能对这些变量加以更改。

public 和 private 关键字的使用，对类内的数据有相当大的保护作用，适时地使用 private 可以有效避免其他程序篡改数据，导致类的运行不正常。同时在使用类时，也可以不必理会那些 private 的成员，只要知道 public 成员如何运行即可，让编写程序显得更轻松简单。

10.1.2　类与对象

类在 C++程序中是无法直接使用的，之前说过，类只是个数据类型，而数据类型并不是实际可用的物品，因此，在要使用类的成员时，必须先创建一个属于该类的"对象"。

声明对象的方式与声明其他数据类型变量或结构体一样，一旦定义好类之后，就能合法声明此类的变量，声明的方式如下：

类名称 对象名称；

其中，"类名称"必须是一个已经定义好的类，而"对象名称"则是在程序中取用该类成员的关键，与变量的名称一样，必须遵守 C++的变量命名规则。

类成员的访问方式与结构体相同，都是通过"."这个赋值运算符访问类成员，其语法如下：

对象.成员变量；

按照上述语法方式就能轻易地访问对象的成员，就像访问结构体的成员一样，但是只限于被声明为 public 的成员。

【例10-1】

Phone 类与其对象的使用。

本例将定义一个 Phone 类，并设置 3 个 int 类型的成员变量，分别存储电话的区号、交换码及号码，并通过函数设置电话号码、显示设置完成的电话号码。程序代码如下：

```
01  #include <iostream>
02  using namespace std;          //设置对象成员的结果
03  //定义类
04  class Phone
05  {
06   public:
07      int regional_code;
08      int exchange_code;
09      int number_code;
10
11  };
12
13  //方法声明
14  void set_phone(Phone& ph, int rc=2,int ec=1111,int nc=2222);
15  void show_phone(const Phone& ph);
16
17  int main(int argc,char* argv[])
18  {
19      Phone p1;
20      set_phone(p1);
21      show_phone(p1);
22
23      Phone p2;
24      set_phone(p2,2,2222,3333);
25      show_phone(p2);
26      return 0;
27  }
28
29  void set_phone(Phone& ph,int rc,int ec,int nc)
30  {
31      ph.regional_code=rc;
32      ph.exchange_code=ec;
33      ph.number_code=nc;
34  }
35
36  void show_phone(const Phone& ph)
37  {
38      cout<<"("<<0<<ph.regional_code<<")"<<ph.exchange_code
39  <<"-"<<ph.number_code<<endl;
40  }
```

程序运行结果如图 10-1 所示。

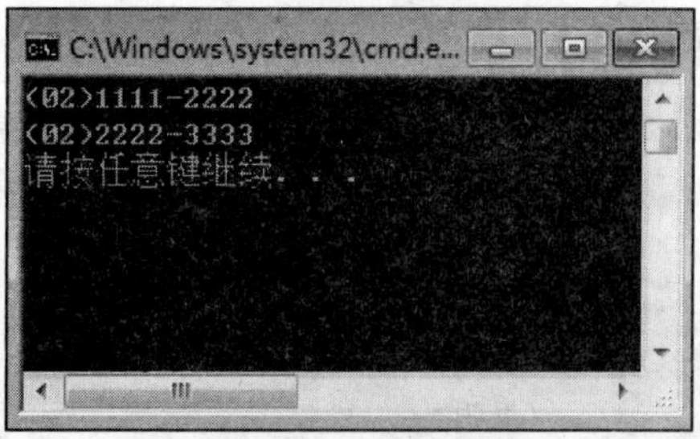

本例的主要代码分析如下：

第 4~11 行：声明一个类 Phone，此类包含 3 个数据成员，其数据类型分别为 int。

第 14 行：声明函数 set_phone()，用来设置类型为 Phone 变量的值。

图 10-1 例 10-1 运行结果

第 15 行：声明函数 show_phone()，用来显示类型为 Phone 变量的内容。

第 19 行：声明一个数据类型为 Phone 的变量 p1。

第 20 行：调用 set_phone()函数，传入参数 p1。

第 21 行：调用 show_phone()函数，传入参数 p1。

第 23 行：声明变量 p2，其数据类型为 Phone。

第 24 行：调用函数 set_phone()，传入参数 p2 和欲初始化 p2 的值。

第 25 行：调用函数 show_phone()，传入参数 p2。

第 29～34 行：定义函数 set_phone。

第 36～40 行：定义函数 show_phone。

本例中创建一个名为 Phone 的类，并利用 Phone 类分别创建 p1 与 p2 对象，p1 及 p2 对象都有 Phone 类中所有成员的属性。可以将 Phone 类看做一个制冰盒，而 p1 与 p2 对象看做利用这个制冰盒制造出来的冰块，这两个冰块的长、宽、高都会与制冰盒的大小相同。

此外，为了让程序代码更为简洁、易读，因此设计了两个函数，分别用于设置对象成员及显示对象成员的内容。

类与对象被广泛地使用在 C++程序中，因为类与对象不仅在使用、设计上都相当简单，对数据的保护能力更是十分出色。通过类与对象，开发人员可以减少许多调试的时间，同时程序的可靠性也提高很多。

类的好处还有很多，由于类就像一个模板，可以随时从这个程序移到其他程序中，只要设计一次类，就可以随时使用该类，不必重复设计功能相似的程序。在一般大型工程程序开发上，也都会自行开发类函数库，供程序开发人员使用，缩短程序开发时间，有效降低开发成本。

10.2　类的成员函数

在面向对象的概念中，对象具有"特性"与"行为"这两种特征。"成员变量"就是对象的"特征"，也就是对象所包含的数据 10.1 节中已经接触过对象的声明与对象成员变量的访问。

那么，对象的"行为"又是什么呢？"行为"这个名词在程序语言中就代表着一个处理数据的连续操作，这些操作在 C++中称为类"成员函数"。

类的成员函数（简称类函数）是一个函数，它的定义和声明放在类的定义之中。

类函数可以在任何属于此类的对象中正常运行，并且可以访问该对象中的任何成员，包括被设置成 private、public 等的成员变量。

在类中声明、创建一个成员函数的方法与在一般程序中创建函数的方法是完全相同的；返回值的写法也与一般函数一样。

【例10-2】

类的无返回值的成员函数的定义和调用。

本例为一个没有返回值的成员函数写法。程序代码如下：

```
01  #include <iostream>
02  using namespace std;
03
04  //声明类
05  class Phone
06  {
```

```
07
08   public:
09      int regional_code;
10      int exchange_code;
11      int number_code;
12      //函数声明
13      void set_phone(int rc=2,int ec=1111,int nc=2222);
14      void show_phone(void);
15   };
16
17   void main()
18   {
19      Phone p1;
20      p1.set_phone();
21      p1.show_phone();
22
23      Phone p2;
24      p2.set_phone(2,2222,3333);
25      p2.show_phone();
26   }
27
28   void Phone::set_phone(int rc,int ec,int nc)
29   {
30      regional_code=rc;
31      exchange_code=ec;
32      number_code=nc;
33   }
34
35   void Phone::show_phone(void)
36   {
37      cout<<"("<<0<<regional_code<<")"<<exchange_code
38          <<"-"<<number_code<<endl;
39   }
```

本例的运行结果与例 10-1 的运行结果完全一样，但是类的定义有所不同，使用上也有差别。
主要代码分析如下：

第 5～15 行：声明一个类 Phone。

第 8～11 行：声明 Phone 类的 3 个公共成员变量，数据类型为 int。

第 13、14 行：声明两个成员函数：成员函数 set_phone()无返回值，它的 3 个默认参数都为整
数，用来初始化 3 个成员变量；成员函数 show_phone()无返回值，无传入参数，用来输出。

第 19 行：在 main()函数中声明 Phone 类的对象 p1。

第 20 行：通过对象 p1 调用成员函数 set_phone()，使用默认参数。

第 21 行：通过对象 p1 调用成员函数 show_phone()，进行输出操作。

第 23 行：声明 Phone 类的对象 p2。

第 24 行：通过对象 p2 调用成员函数 set_phone()，传入参数 2、2222、3333 取代默认参数。

第 25 行：通过对象 p2 调用成员函数 show_phone()，进行输出操作。

第 28～33 行：定义 Phone 类的成员函数 set_phone。

第 35～39 行：定义 Phone 类的成员函数 show_phone。

本例程序中的 Phone 类里，多了两个以 void 关键字开始的函数，这就是 Phone 的类函数，通过 set_phone 函数，可以设置 Phone 类对象中 3 个成员变量，而 show_phone 函数则是用来显示成员变量值的函数。

通过本例，可以总结出定义类的成员函数的相关说明：

（1）在 Phone 类范围之外定义两个成员函数，此时必须在函数名称之前加上"Phone::"，表示这是 Phone 的成员函数，不是一般的函数。

（2）在类外定义类函数时没有写前面的"类名::"，则 C++编译器会将它视为一般的函数。

（3）如果将函数的定义直接放在类定义内部的范围中完成，就不必使用"Phone::"这类的语句，使用一般函数的语句即可。

（4）当类函数的函数体中需要使用该类对象的成员变量或其他类函数时，不必在变量或函数之前加上对象的名称，因为它们属于同一个对象，可以直接使用。

了解了没有返回值的类函数的定义方式之后，再来看带有返回值的类函数。

类成员函数与一般函数的编写方法相同，因此类函数也可以具有返回值，而且定义方式与一般有返回值的函数完全相同。

【例10-3】

类的带返回值的成员函数的定义和调用。

本例程序中定义一个 Box 类，表示一个盒子，其中包含 3 个成员变量，分别记录盒子的长、宽、高，还定义一个计算体积的成员函数，这个函数会计算盒子的体积并返回结果。程序代码如下：

```
01  #include <iostream>
02  using namespace std;
03
04  class Box
05  {
06   public:
07      int length;
08      int width;
09      int height;
10      //函数声明
11      int volume();
12  };
13
14  void main()
15  {
16      Box MyBox;
17
18      cout<<"请输入盒子的长:";
19      cin>>MyBox.length;
20
21      cout<<"请输入盒子的宽:";
22      cin>>MyBox.width;
23
24      cout<<"请输入盒子的高:";
25      cin>>MyBox.height;
26
```

```
27      cout<<"盒子的体积是:"<<MyBox.volume()<<endl;
28   }
29
30   int Box::volume(void)
31   {
32      return length*width*height;
33   }
```

程序运行结果如图 10-2 所示。

图 10-2　例 10-3 运行结果

本例的主要代码分析如下：

第 4～12 行：声明 Box 类。

第 7 行：定义 int 类型变量 length，表示盒子的长。

第 8 行：定义 int 类型变量 width，表示盒子的宽。

第 9 行：定义 int 类型变量 height，表示盒子的高。

第 11 行：定义类函数 volume，无传入值，返回 int 类型的数值。

第 16 行：在 main() 函数中声明 Box 类对象 MyBox。

第 18、19 行：提示用户输入盒子的长，并将用户输入的数值存至 MyBox 对象的 length 成员。

第 21、22 行：提示用户输入盒子的宽，并将用户输入的数值存至 MyBox 对象的 width 成员。

第 24、25 行：提示用户输入盒子的高，并将用户输入的数值存至 MyBox 对象的 height 成员。

第 27 行：调用 MyBox 对象的 volume 函数，计算体积并输出。

第 30～33 行：定义 Box 类的成员函数 volume，将变量 length、width、height 相乘之后的值返回。

本例中，定义一个 Box 类，并在类中定义一个类函数 volume，指定此函数的数据类型为 int，表示当程序调用这个类函数时，会有一个 int 类型的返回值，利用此返回值，可以将数据传递给外部的程序。

许多编程人员在开发类函数库时都会在类中设计类函数，让这个类具有其独特的数据处理方式，这个做法符合面向对象概念中将"行为"与"数据"结合的特性。其他开发者取用此类时，不仅可以访问成员变量，还可以通过成员函数来处理数据，如此一来，可以避免重复开发类似功能的程序。使用类的人也不必理会类的实际运行方式，只要知道该传入哪些数据、会返回哪些结果，就能轻松地开发程序。

最重要的是，使用类成员的方式相当简单，可以让程序更为简洁，提高其易读性。日后维护程序时，只要修改类的设计，就能同时修正使用该类的程序，大大降低程序的维护成本。

在 C++ 程序设计领域中，类与对象是非常重要的两个学习重点，开发者可以自行设计专属的程序，并运用类的方式将程序一个个地打包起来，就像设计芯片一样，一旦芯片设计、打包完成之后，就可以将此程序芯片使用在不同的程序中，十分方便。

10.3 构 造 函 数

到目前为止，在使用类和对象时多是如下步骤：定义类，接着声明类变量、创建对象，然后一一为对象的成员变量指定初始值，步骤烦琐。而程序中只使用到一个对象的可能性极小，如果要对多个对象进行操作，类里的成员又很多，这样的使用方法就会显得极不方便。

另外，类中的成员变量有一定的访问限制，外部的程序只能更改 public 的成员，无法对设置成 private 的成员进行初始化，这就给对象的使用带来了很多"不便"之处。

其实，C++对于这些问题已提出解决方法，那就是"构造函数"的使用。使用"构造函数"能够解决以上的种种问题，并且比使用结构体来得更加容易。

10.3.1 构造函数的概念

"构造函数"是类中一种非常特别的成员函数，一个类的内部如果定义构造函数，那么在使用该类声明对象时，C++就会自动调用该函数，为对象的成员进行初始化，不必再大费周章地为一个个的变量指定初始值，确保成员变量的内容为有效数据。

下面以 Phone 类为例，为其加上能够初始化成员值的构造函数，看看构造函数是如何定义并发挥作用的：

```
class Phone
{
 public:
    int regional_code;
    int exchange_code;
    int number_code;

    Phone()     //构造函数
    {
        regional_code=2;
        exchange_code=2566;
        number_code=1234;
    }
};
```

观察上面的代码会发现：构造函数的名称居然与类一模一样，这是一般函数与构造函数最大的差异所在。构造函数并不像一般的函数可以由设计人员自行命名。

同时还要注意，不能指定构造函数的数据类型，因为构造函数不能有任何的返回值。如果给构造函数指定了数据类型，程序就会发生错误而无法完成编译，甚至连指定成 void 也不行。因为构造函数的主要功能是为类成员设置初始值，不需要也不可以有任何类型的返回值。

构造函数的语法特点如下：

（1）构造函数的名称必须与类名称相同。

（2）构造函数没有返回值类型，在这个位置上什么都不写。

上述的程序中定义了 Phone 类的构造函数，并在 Phone 类函数中指定类变量的初始值，这之后，程序只要声明 Phone 类对象，C++就会自动调用 Phone 类的构造函数，为对象的成员进行初始化。例如：

```
int main()
{
    Phone MyPhone();
    return 0;
}
```

这段程序声明了一个 Phone 类的 MyPhone 对象，需要注意的是，在 MyPhone 后加上左右括号，这就是利用构造函数创建对象的方式，C++编译器会调用 Phone 类的构造函数，初始化成员变量。

类中如果定义了构造函数，那么可以缩短程序中变量初始化的工作，并且在创建对象的同时就将该对象中的成员设置初始值。当程序中使用大量的类与对象时，使用构造函数可以有效简化程序代码，帮助开发人员以更简单的方式编写 C++程序。

【例10-4】

利用构造函数初始化类变量。

本例展示构造函数的定义和利用构造函数初始化类变量从而使程序更加简化的效果。程序代码如下：

```
01  #include <iostream>
02  using namespace std;
03
04  class Box
05  {
06   public:
07      int height;
08      int width;
09      int length;
10
11      Box()
12      {
13          height=5;
14          width=8;
15          length=6;
16      }
17
18      int volume()
19      {
20          return height*width*length;
21      }
22  };
23
24  void main()
25  {
26      Box MyBox;
27
28      cout<<"盒子的高是:"<<MyBox.height<<endl;
29      cout<<"盒子的宽是:"<<MyBox.width<<endl;
30      cout<<"盒子的长是:"<<MyBox.length<<endl;
31      cout<<"盒子的体积是:"<<MyBox.volume()<<endl;
32  }
```

程序运行结果如图 10-3 所示。

本例的主要代码分析如下：

第 4~22 行：定义 Box 类。

第 7~9 行：定义 Box 类的 3 个成员变量。

第 11~16 行：定义 Box 类的构造函数，无传入参数，函数中给 Box 类的 3 个成员变量分别赋了值。

第 18~21 行：定义类函数 volume，无传入参数，返回值为 int 类型。函数中将变量 height、width、length 相乘后得到体积的值返回。

图 10-3　例 10-4 运行结果

第 26 行：在 main()函数中声明 Box 类对象 MyBox，注意，在这条语句完成时，MyBox 的类成员已经通过构造函数完成初始化。

第 28~30 行：显示 MyBox 成员变量的值。

第 31 行：通过 MyBox 对象调用类函数 volume 得到体积值，并进行输出。

本例中，Box 类的构造函数并没有传入任何参数，只是单纯地为成员变量设置初始值而已。不能传入参数的构造函数在对象被创建的同时，只能给予其成员变量固定的初始值。创建再多的对象的初始值也都一样。这对于程序设计人员来说并不是什么好消息，因为利用该类所创建的对象无法依照需求，指定成员变量的初始值。这种情况下，设计人员必会浪费几个步骤，将成员变量的内容指定成符合需求的数据。

实际上，构造函数可以利用参数将外部程序所给的数据传递给变量进行初始化。接下来就学习这种带参数的构造函数的定义和使用。

10.3.2　带有参数的构造函数

C++的构造函数并不是只能为成员变量设置固定的值，与一般函数一样，也允许外部程序传入数值，让构造函数处理并当做初始化的依据。

要让构造函数可以传入参数，必须在定义构造函数时明确传入参数的个数和类型，这一点与平常使用的函数完全相同，但是构造函数是无法返回任何数据的。

定义具有传入参数的方式如下：

构造函数名称(数据类型 变量名称)
{
　　…
}

如果只有一个参数，则指定参数的数据类型与名称即可；若有两个以上的参数，则参数之间必须以逗号分隔，这一点与函数的定义相同。

【例10-5】

带有参数的构造函数的定义和使用。

本例是对例 10-4 进行改写。为了让用户可以自行输入盒子的长、宽、高，以便计算体积，程序中将类的构造函数设计成具有传入参数的样式，并通过构造函数将输入的数值设置成员变量的初始值。程序代码如下：

```
01  #include <iostream>
02  using namespace std;
03
04  class Box
05  {
```

```
06    public:
07        int height;
08        int width;
09        int length;
10
11        Box(int h,int w,int l)
12        {
13            height=h;
14            width=w;
15            length=l;
16        }
17
18        int volume()
19        {
20            return height*width*length;
21        }
22    };
23
24   void main()
25   {
26        int H;
27        int W;
28        int L;
29        cout<<"请输入盒子的高:";
30        cin>>H;
31        cout<<"请输入盒子的宽:";
32        cin>>W;
33        cout<<"请输入盒子的长:";
34        cin>>L;
35
36        Box MyBox(H,W,L);
37        cout<<"盒子的体积是"<<MyBox.volume()<<endl;
38   }
```

程序运行结果如图 10-4 所示。

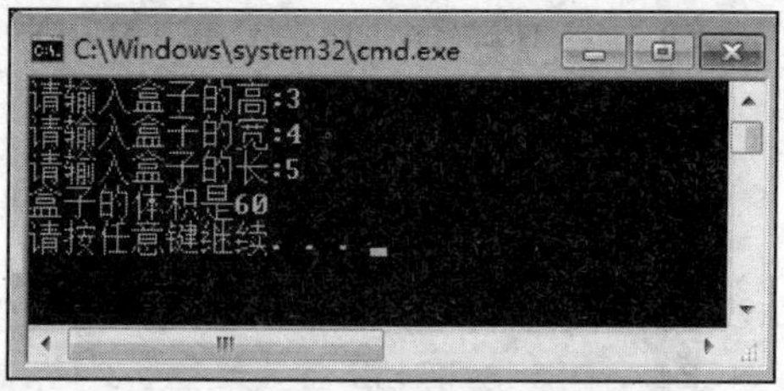

本例的主要代码分析如下：

第 4～22 行：定义 Box 类。

第 7～9 行：定义 Box 类的 3 个成员变量。

第 11～16 行：定义 Box 类的构造函数，注意此
构造函数有 3 个 int 类型的参数 h、w 与 l。构造函数
中将 3 个传入的参数分别设置为成员变量的初始值。

图 10-4　例 10-5 运行结果

第 18～21 行：定义类函数 volume，并以 3 个成员变量相乘的结果作为返回值。

第 26～28 行：在 main() 函数中定义 3 个 int 类型变量，用来存储用户输入的数值。

第 29～34 行：提示并保存用户输入的数据。

第 36 行：创建 Box 类对象 MyBox，并将获取的数值传给构造函数，为成员变量设置初始值。

第 37 行：通过对象 MyBox 调用 volume() 类函数，得到体积并进行输出。

本例中把 Box 类的构造函数定义成带有参数的函数，因此创建 Box 类对象时，可以直接将参
数传入，在创建对象的同时为成员变量进行初始化。

10.3.3　构造函数的重载

仅仅使用带有参数的构造函数并不安全，如果程序设计人员在使用类创建对象时忘了要传入参数，会因为成员变量没有初始化而导致程序错误。为避免这种错误情形的发生，更好的做法是要在类中同时使用具有参数与不具有参数的构造函数。这样在创建对象时，若没有传递任何参数，C++就会自动调用无参的构造函数创建对象；如果传入参数，自然就会自动调用具有参数的构造函数了。这相当于对构造函数进行重载。

【例10-6】

对构造函数进行重载使程序更加灵活。

本例中的 Box 类分别定义了有参数和无参数的两种构造函数，使它们构成重载。程序代码如下：

```
01  #include <iostream>
02  using namespace std;
03
04  class Box
05  {
06   public:
07      int height;
08      int width;
09      int length;
10
11      Box()
12      {
13          height=5;
14          width=5;
15          length=5;
16      }
17
18      Box(int h,int w,int l)
19      {
20          height=h;
21          width=w;
22          length=l;
23      }
24
25      int volume()
26      {
27          return height*width*length;
28      }
29  };
30
31  void main()
32  {
33      int H;
34      int W;
35      int L;
```

```
36      Box Box_1;
37
38      cout<<"请输入第二个盒子的高:";
39      cin>>H;
40      cout<<"请输入第二个盒子的宽:";
41      cin>>W;
42      cout<<"请输入第二个盒子的长:";
43      cin>>L;
44
45      Box Box_2(H,W,L);
46
47      cout<<"第一个盒子的高是:"<<Box_1.height<<endl;
48      cout<<"第一个盒子的宽是:"<<Box_1.width<<endl;
49      cout<<"第一个盒子的长是:"<<Box_1.length<<endl;
50      cout<<"第一个盒子的体积是"<<Box_1.volume()<<endl;
51      cout<<"----------------------------"<<endl;
52      cout<<"第二个盒子的高是:"<<Box_2.height<<endl;
53      cout<<"第二个盒子的宽是:"<<Box_2.width<<endl;
54      cout<<"第二个盒子的长是:"<<Box_2.length<<endl;
55      cout<<"第二个盒子的体积是"<<Box_2.volume()<<endl;
56  }
```

程序运行结果如图 10-5 所示。

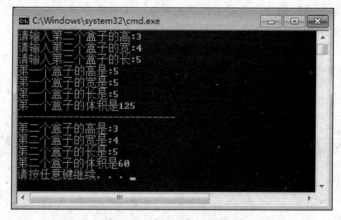

图 10-5　例 10-6 运行结果

本例的主要代码分析如下:

第 4～29 行: 定义 Box 类。

第 7～9 行: 定义 Box 类的 3 个成员变量。

第 11～16 行: 定义无参数的构造函数, 在构造函数中指定成员变量的值。

第 18～23 行: 定义有参数的构造函数, 传入 3 个 int 类型参数, 在构造函数中将传入的参数值, 分别赋给 3 个成员变量。

第 36 行: 在 main() 函数中声明 Box 类对象 Box_1, 此对象会采用无参数的构造函数创建对象。

第 38～43 行: 提示用户输入第二个盒子的长、宽、高, 并将输入的数据保存至 3 个变量中。

第 45 行: 声明 Box 类对象 Box_2, 并以用户输入的数值作为构造函数的参数创建对象。

第 47～55 行: 分别显示 Box_1 对象和 Box_2 对象成员的内容及各自的体积。

通过本例中不难发现, 一个类中可以依据需要, 定义多个构造函数, 让使用此类的开发人员能够按照需求创建合适的对象。

在实际的程序编写中，可以编写更多的参数表，让互不相同的构造函数形成重载，使类在创建对象时更加灵活。不过，无论类中有多少个构造函数，它们的名称都必须与类名称相同，只是参数的个数不同而已。

10.4 对象的复制

在程序编写中有时会需要多个"长相"完全相同的对象。C++语言允许利用一个对象，快速地创建多个完全相同的对象，而且语法相当简单：

类名称 对象名称=对象；

这就是 C++复制对象的语法，只要一个简单的"="就能轻易地复制对象。

与创建一个新的对象一样，复制对象时必须指定对象属于哪一个类，但是不需要任何参数，因为新对象所有的类成员都将与被复制的对象相同。

在等号右侧的对象就是作为复制来源的对象，复制出来的对象将会与来源对象目前的状态完全相同。

【例10-7】

对象的复制。

本例定义一个类，然后创建一个属于该类的对象，该对象是通过构造函数为成员变量进行初始化的。然后利用复制的方式，创造一个与先前对象完全相同的对象。程序代码如下：

```
01  #include <iostream>
02  using namespace std;
03
04  class Box
05  {
06  public:
07      int height;
08      int width;
09      int length;
10
11      Box()
12      {
13          height=5;
14          width=5;
15          length=5;
16      }
17
18      int volume()
19      {
20          return height*width*length;
21      }
22  };
23
24  void main()
25  {
26      Box MyBox;
27
```

```
28    cout<<"第一个盒子的高是:"<<MyBox.height<<endl;
29    cout<<"第一个盒子的宽是:"<<MyBox.width<<endl;
30    cout<<"第一个盒子的长是:"<<MyBox.length<<endl;
31    cout<<"第一个盒子的体积是"<<MyBox.volume()<<endl;
32
33    Box CloneBox=MyBox;
34    cout<<"复制的盒子的高是:"<<CloneBox.height<<endl;
35    cout<<"复制的盒子的宽是:"<<CloneBox.width<<endl;
36    cout<<"复制的盒子的长是:"<<CloneBox.length<<endl;
37    cout<<"复制的盒子的体积是"<<CloneBox.volume()<<endl;
38  }
```

程序运行结果如图 10-6 所示。

图 10-6　例 10-7 运行结果

本例的主要代码分析如下：

第 4～22 行：定义 Box 类。

第 7～9 行：定义 Box 类的 3 个类成员。

第 11～16 行：定义 Box 类的构造函数，无参数。在构造函数中设置类成员的初始值。

第 26 行：声明 Box 类对象 MyBox。

第 28～31 行：显示 MyBox 对象的成员变量内容和体积。

第 33 行：定义 Box 类对象 CloneBox，并利用 "=" 运算符复制 MyBox 对象给 CloneBox 对象。

第 34～37 行：显示 CloneBox 对象的成员变量内容和体积。

通过 C++内建的复制对象机制，开发人员可以很轻易地复制许多相同的对象，就像范例程序一样。通过复制的方式所产生的对象，其初始状态会与来源对象目前的状态相同。

10.5　析构函数

对象是经过构造函数产生的，声明对象之后，该对象就会在计算机的内存中占有空间，如果没有将其清除，它就会一直存在，直到程序结束为止。

如果程序中使用大量的对象，却没有适时地将对象从内存中清除，就会影响系统与程序的执行效率。因此，将不再使用的对象予以清除是必要的。

但是 C++语言并没有自动清除内存的机制，必须依靠开发人员自行处理。前面介绍的 "构造函数" 用来在内存中创建一个对象，而现在所要介绍的 "析构函数"，则是将已经存在的对象从内存中清除。

10.5.1 析构函数的概念

析构函数与构造函数相同，也是类中的一个函数，其作用是：当对象不再使用或者超出使用范围时将该对象销毁。

当对象超出使用范围时，C++会自动调用析构函数将对象删除，同时将该对象所占用的内存空间完全释放。析构函数与内存的配置、回收有很大的关系，同时也关系着系统资源的管理。

定义析构函数的语法如下：

~析构函数名称();

析构函数的说明如下：

（1）C++的析构函数与构造函数一样，名称必须与类相同，但是析构函数的名称之前必须加上一个"～"符号。

（2）与构造函数一样，析构函数不写返回值类型，也不能在函数体中返回数据。

（3）构造函数允许有传入参数，析构函数则不允许有任何的参数。

假设要为 Box 类设置一个析构函数，则程序的写法如下：

```
class Box
{
 public:
    int height;
    int width;
    int length;
    Box(void)
    {
        …
    }
    ~Box();  //析构函数
}
```

这个程序中的析构函数除了销毁对象外，并没有做任何事情。一般来说，定义析构函数的最终目的也就是执行这个工作。不过，人们仍然可以为析构函数加上一些程序语句，在对象将被销毁时语句会被执行，但仍要记住：不能传入参数或者返回任何数据。

回想一下，前面的范例中完全没有析构函数的踪迹，那些对象是如何由内存中删除的呢？到目前为止，所有的对象与类范例都是由类中内定的析构函数自动执行销毁对象的工作的。C++规定：

（1）如果类中没有明确地定义析构函数，编译器就会自动提供析构函数来清除对象。

（2）所有程序中所定义的对象在程序结束时，都会自动调用该对象的析构函数。构造函数被调用一次，析构函数就会被调用一次，这两者是成对出现的。

在程序结束的同时，C++也会自动调用类中的析构函数，将程序中所定义的类清除掉。

10.5.2 析构函数的使用

如果在类中自行定义析构函数，就能随时利用析构函数清除内存中的对象，让开发人员自行管理内存。

【例10-8】

使用析构函数清除对象。

本例定义一个 Box 类，并在类中设置构造函数与析构函数，在程序最后，利用析构函数清除对象，而程序结束的同时也会调用析构函数，将程序中的类销毁。程序代码如下：

```
01  #include <iostream>
02  using namespace std;
03
04  class Box
05  {
06   private:
07      int height;
08      int width;
09      int length;
10      int volume;
11
12      void set_volume()
13      {
14          volume=height*width*length;
15      }
16
17   public:
18      Box(int h,int w,int l)
19      {
20          height=h;
21           width=w;
22          length=l;
23          set_volume();
24      }
25
26      ~Box()
27      {
28          cout<<endl<<"盒子被销毁!";
29      }
30
31      int get_length(void)
32      {
33          return length;
34      }
35
36      int get_width(void)
37      {
38          return width;
39      }
40
41      int get_height(void)
42      {
43          return height;
44      }
45
46      int get_volume()
47      {
48          return volume;
49      }
50  };
```

```
51
52   void main()
53   {
54       int H;
55       int W;
56       int L;
57       cout<<"请输入盒子的高:";
58       cin>>H;
59       cout<<"请输入盒子的宽:";
60       cin>>W;
61       cout<<"请输入盒子的长:";
62       cin>>L;
63
64       Box MyBox(H,W,L);
65
66       cout<<"盒子的高是:"<<MyBox.get_height()<<endl;
67       cout<<"盒子的宽是:"<<MyBox.get_width()<<endl;
68       cout<<"盒子的长是:"<<MyBox.get_length()<<endl;
69       cout<<"盒子的体积是:"<<MyBox.get_volume()<<endl;
70
71       MyBox.~Box();
72   }
```

程序运行结果如图 10-7 所示。

图 10-7 例 10-8 运行结果

本例的主要代码分析如下:

第 4~50 行: 定义 Box 类。

第 6 行: 定义私有成员的块。

第 7~10 行: 定义 4 个私有成员变量。

第 12~15 行: 定义私有的成员函数 set_volume, 用来计算盒子体积。

第 17 行: 定义公用成员的块。

第 18~24 行: 定义 Box 类的有参构造函数, 将传递进来的数据初始化给 3 个私有成员变量。调用私有成员函数, 计算体积。

第 26~29 行: 定义 Box 类的析构函数, 函数中显示析构信息。

第 31~34 行: 定义返回盒子长度的成员函数。

第 36~39 行: 定义返回盒子宽度的成员函数。

第 41~44 行：定义返回盒子高度的成员函数。

第 46~49 行：定义返回盒子体积的成员函数。

第 54~62 行：声明变量、提示用户输入长、宽、高，并将读取的数据保存至 3 个变量中。

第 64 行：声明 Box 类对象 MyBox，传递参数。此时会调用构造函数对对象的成员变量进行初始化。

第 66~69 行：利用成员函数显示 MyBox 对象的成员变量内容。

第 71 行：调用 MyBox 对象的析构函数，销毁 MyBox 对象。

本例中，将某些类成员设置成 private 的目的是不希望外部的程序更动其内容，或者不让其他程序使用，这是保护类内数据的关键。

但如果就此外界就不能获取数据进行操作，那么也会对使用造成影响。这种情形下，让外部程序可以获取这些数据就必须定义能够返回指定数据的公共类函数，否则程序将无法获取数据。

从程序执行的结果中可以明显地看出程序调用两次析构函数，第一次是程序第 71 行的代码导致的调用。这之后，MyBox 对象就消失了。第二次是 Box 类自己调用的析构函数，因为 C++ 在程序结束时，会自动调用析构函数将程序中定义的所有类销毁。

如果程序中定义有多个类，且类中都定义了析构函数，那么在程序结束时，有多少个类，就至少会调用多少次析构函数。

"类"与"对象"是一种更好的数据处理与保护的概念，同时也让原本复杂的程序变得简单；而"构造函数"与"析构函数"则操控着对象的诞生与灭亡。这些概念及语法都是 C++ 面向对象的关键。

小　　结

本章介绍了 C++ 中类的基本概念，以及定义和使用类的一般规则。实现可应用于类对象的操作，以及理解类内部的机制还有许多内容要学。在后续章节中，将以本章的内容为基础，学习如何扩展类的功能，探讨使用类的更复杂方式。

本章的主要内容如下：

- 类是一种自定义数据类型，类可以反映某个问题所需要的对象类型。
- 类可以包含数据成员和成员函数。类的成员函数总是可以自由访问该类中的数据成员。
- 类的对象用构造函数来创建和初始化。在声明对象时，会自动调用构造函数。
- 构造函数可以重载，以提供初始化对象的不同方式。
- 类的成员可以指定为 public，表示公共的。此时它们可以由程序中任何函数自由访问。
- 类的成员还可以指定为 private，表示私有的。此时它们只能被类的成员函数或友元函数访问（友元函数的相关内容将在第 12 章进行介绍）。
- 可以利用赋值运算符 "=" 对对象进行复制，复制的对象与源对象具有相同的成员数据。
- 析构函数用来在对象超出使用范围时将该对象销毁。
- 在程序结束的同时，C++ 也会自动调用类中的析构函数，将程序中所定义的类清除掉。

上 机 实 验

1. 创建一个简单的类 Integer，它只有一个 int 类型的私有数据成员。为这个类定义构造函数和析构函数，并使用它们输出创建和销毁对象的信息，其中构造函数能够对私有数据成员进行初始化。编写一个测试程序，操作 Integer 对象，验证不能直接给数据成员赋值。

2．修改上题，提供类的成员函数，获取和设置数据成员，并输出该值。测试这些函数的使用。

3．对前面的 Integer 类进行改写，编写无参的构造函数，将数据成员初始化为 0；编写有参的构造函数，将参数初始化赋给数据成员。在测试程序中，采用两种不同的构造函数来创建两个 Integer 类的对象，通过函数得到各自的数据成员并输出结果。

4．改写例 10-2 的 Phone 类，为其添加构造函数和析构函数。构造函数要能够对 Phone 类的数据成员进行初始化，析构函数在销毁对象时输出数据成员的信息。在测试程序中创建 Phone 类的对象，再将其复制一份。在最后通过这两个对象调用析构函数。观察程序运行的结果，思考运行原理。

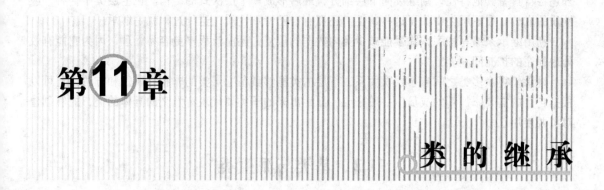

第11章

类 的 继 承

上一章中了解了面向对象的概念，认识了什么是类及为何要用类取代以往的程序结构，学习了用类创建对象并对对象进行方法调用等操作。接下来，将介绍面向对象另一个重要的特点——继承。

所谓的继承，是指基于现有的类再创建新类。人们通常将被其他类继承的类称为基类或父类，而继承自别的类则称为派生类或子类。派生类继承基类的所有非私有成员，同时也能按照需求增加自己新的功能。一个派生类可能不止继承一个类，如果是同时继承了多个基类者，称这种情况为多重继承。

有了继承，类与类相互之间就有了紧密的联系，编写复杂程序时大大提高了效率，并使程序变得更易维护。

学习目标

- 理解类的继承
- 掌握基类与派生类的编写和使用
- 掌握重载成员的编写和使用
- 掌握派生类构造函数的调用规则
- 区分访问控制修饰符的不同权限
- 了解多重继承的概念和问题

11.1 继承的概念

继承是面向对象编程思想的最重要的组成部分之一，是 C++程序设计中的一项核心技术。面向对象程序设计思想不仅可以使用类和对象来反映现实生活中的一切事物，还能够通过类的继承来反映事物之间的关系。

日常生活中的各种事物往往有着各种联系，人们经常会分门别类地对信息进行归纳和处理。

例如，当提到交通工具时，可能会想到自行车、汽车、火车，它们都具备作为"交通工具"的共同特点，而它们相互之间又各有不同。再继续细分，汽车又能够分为轿车、卡车、货车、客车等，它们都具备最基本的"汽车"的特点，但又分别加上自己的特性。在不断细分的过程中，下层的事物总是具备上层事物的基本性能，在其基础之上又增加了自己新的内容，这就是一种"继承"关系。

事实上在编写程序时，人们也会采取相似的分类方法。将数据中的共性归纳为一个类，若此外还各自具备其他特性，则继续向下层细分，最后形成一个层次式的结构。在上层类中拥有一般性质的成员，在下层类中除了这些共性，还拥有自己特殊性质，这种过程就是继承。

利用继承来编写程序，除了能减少类内数据的重复，还能让程序更容易管理，因为它能有效处理程序的扩充问题。

继承使得众多类之间有了层次关系，下层的类能够具备上层类的非私有属性和方法，还可以根据自己的需要添加新的成员。一般来说，派生出来的子类要代表有意义的具体的类，能够创建对象并使用。

11.2 基类与派生类

人们通常将被其他类继承的类称为基类，而继承自别的类则称为派生类。派生类会继承基类的所有非私有成员，这些成员的使用权限会视继承的方式不同而定。本节将介绍 C++关于继承的语法及一些相关的问题。

11.2.1 继承的语法

C++中的继承功能是针对类而言的，一般的函数是无法独自声明继承其他函数的。使用继承的程序将会比编辑程序简洁许多，这是由于派生类之间相同的部分会被放到基类的内部统一定义。

下面来看一下 C++中关于类继承的语法。举例来说，若想声明"类 A 继承类 B"，则有以下两个步骤：

（1）定义出基类 B，并注意各成员的访问权限。

对于基类 B，必须将会被类 A 用到的成员由 private 改为 protected。这是因为声明为 private 的成员只能在类的内部自身使用，即使是派生类也不能访问基类的 private 成员。而将它们改为 public 又会破坏数据封装的特性，以致任何类都可以自由访问。为了解决这个问题，C++题供了 protected 关键字。凡是声明为 protected 的成员，除了可以在类的内部自己使用外，还可以提供其派生类来使用。

（2）定义派生类 A，要在首行增加下列的语法：

```
class 类 A 名称:public 类 B 名称
{
      类 A 自己的成员
}
```

在类 A 的声明后加上单冒号，之后再跟随着关键字 public 及基类 B 的名称。

类继承的注意事项：

- 基类必须事先声明。
- 一个类不可以自己继承自己。
- 关键字 public 代表这是公开继承，和它相对的是关键字 private。虽然无论使用何种继承方式，派生类都能得到基类的所有成员，然而不同的继承方式，会限制其只能使用哪些部分的基类成员。例如，在 public 继承时，派生类可以使用基类的 public 与 protected 成员，却不能使用其 private 成员。

【例11-1】

类继承的实现。

本例主要表现基类与派生类间的关系。代码中共有两个类：base_class 与 derived_class，前者经过继承的声明变成后者的基类，后者则是前者的派生类。派生类能使用基类的成员，其关系如图 11-1 所示。

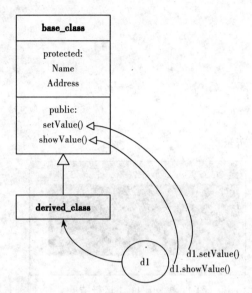

图 11-1　派生类与基类的关系

派生类 derived_class 中并没有定义什么是 setValue() 及 showValue()，然而由于它继承base_class，所以就继承 base_class 的所有非私有成员，包括属性 Name 及 Addr，以及函数 setValue()和 showValue()。同时由于是公开继承，而且这些成员并非是 private，所以派生类 derived 的对象能够正大光明地使用。要注意的是，派生类 derived_class 的对象 d1 所能使用的仍然只有基类中的public 成员，而它被声明为 protected 的部分只会开放给 derived_class 内部使用而已。

程序代码如下：

```
01  #include <iostream>
02  #include <string>
03  using namespace std;
04
05  class base_class
06  {
07   protected:
08      string Name;
09      string Addr;
10   public:
11      void setValue()
12      {
13          Name="盼盼";
14          Addr="北京";
15      }
16      void showValue()
17      {
18          cout<<"我叫"<<Name<<endl
19              <<"住在"<<Addr<<endl;
20      }
21  } ;
```

```
22
23    class derived_class:public base_class
24    {
25
26    };
27
28    void main()
29    {
30        derived_class d1;
31        d1.setValue();
32        d1.showValue();
33    }
```

程序运行结果如图 11-2 所示。

图 11-2　例 11-1 运行结果

本例的主要代码分析如下：

第 5～21 行：定义 base_class 类。

第 7～9 行：声明 protected 的成员变量 Name 和 Addr。

第 10～20 行：定义 public 的成员函数 setValue()，给 Name 和 Addr 赋值，成员函数 showValue() 输出 Name 和 Addr 的信息。

第 23～26 行：定义 derived_class 类，继承了 base_class 类。但并没有增加自己新的成员。

第 30 行：创建派生类 derived_class 的对象 d1。

第 31、32 行：通过 d1 调用继承过来的两个成员方法。

通过本例可以看出，继承能够让程序代码简化许多，尤其是在许多类都用到同样的成员时，将它们归纳到基类并加以继承是最佳的方法。同时，由于声明为 protected 的成员有着部分开放权限之意，所以在定义基类时，要衡量一下哪些成员该放在 private 中，哪些该放在 protected 中，以免在不经意的状况下破坏类数据隐藏的功能。

11.2.2　重载成员

派生类在继承基类后，就会继承它所有的成员，然而这并不表示派生类就不能拥有自己的成员，人们仍能在其中定义一些新的属性和函数。同时，由于派生类可以看做基类的进一步细化，所以有些函数在继承过来之后的内部处理上可能也会与基类有所不同，人们还可以进一步对这些成员加以重新定义，使得它们虽然与基类拥有相同名称，却可以处理各自特殊的情况。

C++的编译器处理继承时有这样的规则：

（1）经过继承所得的成员，如果在派生类中没有重新定义，那么它便会保持基类中的版本，没有变化。

（2）如果派生类对继承所得的成员进行重载，就会掩盖基类的同名成员，改用派生类的新版本。

（3）某些情况下需使用旧版本时，C++提供了下列的语法：

基类的名称::成员名称

双冒号在 C++中象征类的范围，与继承语法的单冒号并不相同。它就像日常生活中写地址时，得由大地区写到小地区一样，如果只写小地区，并不能分清楚究竟在哪里。同样的道理，为了区别不同类可能会出现的同名成员，凡是在类外使用到该类的成员时，就要以这种语法出现。

下面通过一个实例来了解如何重载继承的基类成员及如何在重载后使用旧的版本。

【例11-2】

派生类对基类成员的重载。

本例中，有一个基类 base_class，两个派生类 derived_class1 和 derived_class2。派生类 derived_class1 重载了基类中的 showInfo()函数，派生类 derived_class2 重载了基类中的 var1 变量。程序代码如下：

```
01  #include <iostream>
02  using namespace std;
03
04  class base_class
05  {
06
07   public:
08      int var1;
09
10      base_class()
11      {
12          var1=100;
13      }
14
15      void showInfo()
16      {
17          cout<<"基类对象"<<endl;
18      }
19  };
20
21  class derived_class1:public base_class
22  {
23   public:
24      void showOld(){
25          base_class::showInfo();
26      }
27
28      void showInfo()
29      {
30          cout<<"派生类对象"<<endl;
31      }
32  };
33
34  class derived_class2:public base_class
35  {
36   public:
37      int var1;
```

```
38      void showValue()
39      {
40          var1=200;
41          cout<<"基类的var1值为"<<base_class::var1<<endl;
42          cout<<"派生类的var1值为"<<var1<<endl;
43      }
44  } ;
45
46  void main()
47  {
48      derived_class1 d1;
49      derived_class2 d2;
50      d1.showInfo();
51      d2.showInfo();
52      d1.showOld();
53      d2.showValue();
54  }
```

程序运行结果如图 11-3 所示。

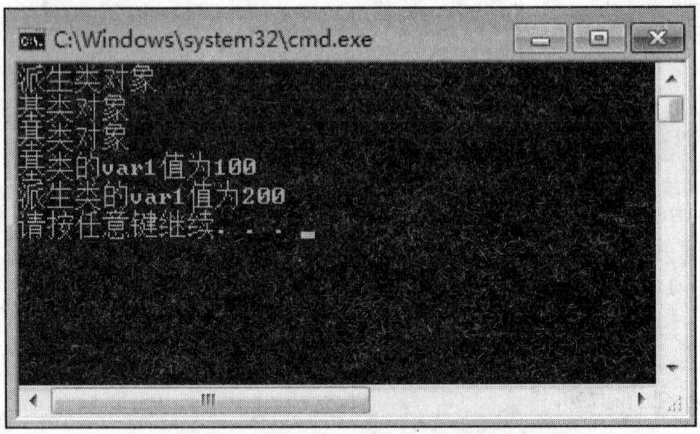

图 11-3　例 11-2 运行结果

本例的主要代码分析如下：

第 4~19 行：定义类 base_class。

第 8 行：定义 base_class 类的成员变量 var1。

第 10~13 行：定义 base_class 类的构造函数，并为 var1 初始化赋值 100。

第 15~18 行：定义成员函数 showInfo()，输出"基类对象"这一信息。

第 21~32 行：定义类 derived_class1 继承类 base_class。

第 24~26 行：定义 showOld() 函数，调用 base_class 版本的 showInfo() 显示信息。

第 28~31 行：在 derived_class1 中重载 showInfo() 函数。这之后，凡是该类对象使用到 showInfo() 都是指这个版本。

第 34~44 行：定义类 derived_class2 继承类 base_class。

第 37 行：重载基类的 var1 变量。

第 38~43 行：定义派生类 derived_class2 自己的 showValue() 函数。

第 40 行：给派生类 derived_class2 自己的 var1 赋值为 200。

第 41 行：使用 base_class::var1 来访问 base_class 的版本，输出数据。

第 42 行：只写 var1 表示 derived_class2 的版本，输出数据。

第 48、49 行：创建两个派生类的对象。

第 50～53 行：使用派生类对象调用各自的成员方法。

在基类 base_class 中，成员 showinfo()会显示"基类对象"的信息。之后派生类 derived_class1 重载了 show_info()，修改了显示内容，因此，在 main()函数中 derived_class 的对象 d1 使用 showInfo()时就会显示重载后的内容"派生类对象"。而派生类 derived_class2 则因为没有重载 showInfo()，因此其对象 d2 在调用 showInfo()时则直接使用基类的 showInfo 版本，显示"基类对象"。至于 derived_class1 中的另一个成员 showOld()，因为使用了之前介绍过的语法，故可在重载 showInfo()后继续使用其基类的 showInfo()版本。

另外，在派生类的成员中属性也是可以被重载的。例如，在 base_class 中设置 var1=100，在 derived_class2 中没有设置 var1=200 之前，var1 的值保持和 base_class 相同。当在 showValue()设置 var1=200 后，对于 derived_class2，其 var1 的值已经被改变，但仍可以通过语法使用 base_class 的旧版本，其值仍为 100。

由本例可以总结出本节的一个重要概念，即继承提供的重载功能可使程序更符合需求，而重载成员并不代表不能再使用旧的版本，仍可以使用其他方法来调用它。

11.2.3　派生类的构造函数

下面先复习一下构造函数的概念：构造函数是一个很特殊的成员，它会在对象创建时自动被调用。即便派生类没有定义构造函数，编译器也会自行创建一个无参数的构造函数，在创建对象时执行它。派生类的构造函数也是同样的语法和功能，但由于它也要同时初始化基类的成员，使情况变得稍复杂些。

由于构造函数是对类本身进行初始化，因此，当人们创建派生类的对象时，必须同时初始化其继承的基类成员，最有效的方法就是调用基类的构造函数。

关于派生类构造函数的说明：

（1）当处理无参数的构造函数时，C++的编译器会自动执行其基类的构造函数，然后才执行派生类本身的构造函数。

（2）当构造函数含有一个以上的参数时，编译器便不会先去执行其基类含有相同参数的构造函数，此时就得手动去调用它。

与构造函数相对的是析构函数。由于析构函数没有参数，所以不会发生以上的问题。在对象析构时，编译器先执行本身的析构函数后才执行基类的析构函数。

【例11-3】

派生类构造函数的编写和使用。

本例展示了两个概念，一是构造函数的执行有连动性；二是当所使用的构造函数变得较为复杂时，编译器便不会自动去调用其基类的构造函数。程序代码如下：

```
01  #include <iostream>
02  using namespace std;
03
04  class base_class
05  {
06  protected:
07      int var1;
08  public:
09      base_class()
```

```
10      {
11          var1=0;
12          cout<<"基类构造函数"<<endl;
13      }
14
15      base_class(int tmp)
16      {
17          var1=tmp;
18          cout<<"基类构造函数"<<endl;
19  }
20
21      void showValue()
22      {
23          cout<<"Var1 的值是"<<var1<<endl;
24      }
25
26      ~base_class()
27      {
28          cout<<"基类析构函数"<<endl;
29      }
30
31  };
32
33  class derived_class1:public base_class
34  {
35
36   public:
37      derived_class1()
38      {
39          cout<<"派生类 1 的构造函数"<<endl;
40      }
41
42      derived_class1(int tmp)
43      {
44          base_class::base_class(tmp);
45          cout<<"派生类 1 的构造函数"<<endl;
46      }
47
48      ~derived_class1()
49      {
50          cout<<"派生类 1 的析构函数"<<endl;
51      }
52  };
53
54  class derived_class2:public derived_class1
55  {
56
57   public:
58      derived_class2()
59      {
60          derived_class1();
```

```
61          cout<<"派生类 2 的构造函数"<<endl;
62
63      }
64
65      ~derived_class2()
66      {
67          cout<<"派生类 2 的析构函数"<<endl;
68      }
69  };
70
71  void main()
72      {
73      cout<<"<Case1>"<<endl;
74      derived_class1 d1(100);
75      d1.showValue();
76      cout<<"<Case2>"<<endl;
77      derived_class2 d2;
78  }
```

运行结果如图 11-4 所示。

本例的主要代码分析如下：

第 4～31 行：定义 base_class 类。

第 9～13 行：定义构造函数 base_class()并将 var1 初始化为 0。

第 15～19 行：定义构造函数 base_class(int tmp) 并将 var1 初始化为传入的数据。

第 21～24 行：定义 showValue()函数，用来显示 var1 的值。

第 26～29 行：定义析构函数。

第 33～52 行：定义派生类 derived_class1，继承自 base_class。

第 37～40 行：定义 derived_class1 的无参构造函数。derived_class1()无须加上任何调用 base_class()的程序代码，可以自动调用。

图 11-4　例 11-3 运行结果

第 42～46 行：定义 derived_class1 的有参构造函数，derived_class1(int)要调用 base_class(int)以进行 var1 初始化的操作。

第 48～51 行：定义析构函数。

第 54～69 行：定义派生类 derived_class2，继承自 derived_class1。

第 58～63 行：定义无参构造函数，在内部第一条语句调用基类无参构造函数。

第 65～68 行：定义析构函数。

当创建一个派生类 derived_class2 的对象时，因为它继承了 derived_class1，因此会先去执行 derived_class1 的构造函数。然而 derived_class1 又继承了 base_class，所以在执行本身的构造函数前会先去执行基类的构造函数。

如果继承的关系再稍微复杂些，这种关系就可以看做由继承关系最上层的构造函数开始，一直执行到最下层。同样的道理，在对象析构时也会按照对象构造的顺序逆向析构回去。

本例中，derived_class1 继承了 base_class 的变量 var1，其初始化是由 base_class 的构造函数 base_class(int)所负责的。然而因为 derived_class 不会主动执行 base_class(int)，所以要调用 base_class(int)才可以，以免因 var1 没有被初始化而发生无法预料的问题。

由本例的执行结果可以看出，在 case1 时会先执行 base_class 和 derived_class1 的构造，之后进入 case2，执行 base_class、derived_class1 和 derived_class2 的构造及反向的析构。直到 case2 的对象析构完后，case1 的对象才会执行析构，由此可以看出构造与析构有其层次性。

11.2.4　继承与类的转换

类是一种数据类型，而 C++的编译器只提供相同类型的自动转换，至于处理不同的类，则必须依靠重载指定符号来达成。但是，基类与派生类虽然属于不同的数据类型，在它们之间却存在单方向的兼容性，使得编译器可以自行处理由派生类转为基类的情况。

派生类与基类转换的规则是：

（1）派生类转换至基类，会将其继承自基类的部分保留，丢弃自定义的新增内容。

（2）C++并不提供任何由基类至派生类的自动转换操作，若强制转换则可能出错。

派生类包含基类所有的属性和方法，如果将派生类非继承自基类的部分忽略不看，那么它的对象也可被视为基类的对象。因此，程序中若将派生类的对象、参照或指针指定给基类时，C++的编译器将会自动转换，例如：

```
base_class *b1;
derived_class d1;
b1=&d1;//自动转换
```

这种指定的方法在执行时就像裁纸机一样，会把派生类多余的部分裁掉以符合基类的大小。

另一方面，C++并不提供任何由基类至派生类的自动转换操作，当然也可以使用强制转换。例如：

```
base_class *b2=new base_class;
derived_class *d2;
d2=(derived_class *)b2; //强制转换
```

这样做会让派生类中非继承自基类的部分处于未初始化的状态。转换后只有和基类重叠的部分才会被定义，其他部分都没有初始化，如果人们并未发现这点而想要去访问这些部分时，结果将是非常危险的。因此，除非人们使用强制转换并且知道哪些部分是在未定义的状态，否则并不建议使用这种转换的方式。

最后需要注意的是，为了方便编译器进行自动转换操作，必须以公开的方式声明派生类继承基类，否则程序将会提示由派生类向基类转换中不可访问的错误信息。

11.3　访问控制

第 10 章中曾经提到，由于以往全局变量的值能够在程序中任意更改，造成不可预期的错误，因此在面向对象程序语言中将类成员能被访问的权限分成两类：public 及 private。其中，private 部分的分员只能提供类内部访问来用，而 public 成员则是完全对外开放。在之前介绍过开放权限介于这两者之间的 protected 成员，提供部分开放的权限，即除了提供本身使用外，也能让所有继承它的类使用。

protected 成员的出现也造成一个潜在的危机，因为它们虽然不能被任意取用，但是只要通过继承的方式就能像其他 public 成员一样被使用。为了防止这种情形造成数据隐藏特性被破坏，C++

在类继承的权限方面也提供了 3 种方式，其关键字仍是 private、protected 及 public。

不同的继承方式使得派生类能访问基类的权限也不同，基本原则如下：

（1）一个基类内部能访问自己所有部分。

（2）基类其对象只能访问 public 的部分。

（3）派生类能访问基类 public 及 protected 的部分。

（4）派生类对象只能访问派生类与基类的 public 部分。

详细情况参考表 11-1。

表 11-1   派生类访问控制原则

继承方式	基类的 public 成员	基类的 protected 成员	基类的 private 成员
经 public 继承后	派生类会视其为 public	派生类会视其为 protected	派生类会视其为 private
经 protected 继承后	派生类会视其为 protected	派生类会视其为 protected	派生类会视其为 private
经 private 继承后	派生类会视其为 private	派生类会视其为 private	派生类会视其为 private

综上可以总结出：

（1）无论通过何种继承方式都无法使用基类的 private 的部分。

（2）经过 public 继承后，基类的权限没有改变，派生类可以访问它 public 及 protected 的部分，而其对象只能访问 public 的部分。

（3）protected 继承时派生类会视基类 public 的部分为 protected，使得派生类的对象不再能访问基类 public 的部分。

（4）private 继承时，派生类会视所继承的成员为 private，因此不但是派生类的对象不能访问基类的任何成员，同时它的派生类也不能再访问基类的所有成员了。

11.4   多重继承

日常生活中除了单一继承外，更多的情况是继承两个以上不同类的属性。例如，整理学校人员的资料时，可能会发现有些行政人员同时拥有员工的属性和老师的属性。C++为了反应这个事实，也支持一个派生类能同时继承多个基类，称这种情形为"多重继承"。

11.4.1   多重继承的语法

多重继承的语法与单一继承非常类似，只需要在声明继承多个类之间加上逗号予以分隔。例如，声明类 D 以 public 继承 B1、B2、B3 这 3 个类，其格式如下：

```
classD:public B1,public B2,public B3
{
    类 D 的程序
}
```

基本上经过继承后，类 D 便会拥有类 B1、B2、B3 所有的成员，并可以访问它们非 private 的部分，而该派生类也能对所继承的成员重载以符合需求。

另一方面，构造无参数的派生类对象时也会先执行其基类的构造函数，其执行顺序是按照声明的次序从左至右依次进行。例如，本例中会先执行类 B1 的构造函数，之后是 B2，最后才是 B3。同样，在对象析构时也会按照构造时调用的顺序逆向执行析构函数，本例中的顺序就是 B3、B2、B1。如果使用的是多个参数的构造函数，则派生类必须个别调用其基类的构造函数，达到将成员初始化的目的。

11.4.2 多重继承的问题

虽然多重继承能够反应一些真实生活的情形，并使程序的编写更具灵活性。但是同时它也会增加程序的复杂度，使维护变得较为复杂并产生一些错误。其中，最常见的错误就是继承的成员重复问题。例如，假设派生类 D 继承了基类 B1 和 B2。B1 和 B2 各有一个 show()成员，如下所示：

```
B1::show()
{
    cout<<"This is Class B1."<<end1;
}
B2::show()
{
    cout<<"This is Class B2."<<end1;
}
```

在声明继承时一切都很正常，看不出有任何问题。依照继承的概念，类 D 会拥有类 B1、B2 所有的成员，包括 B1::show()与 B2::show()。一旦类 D 的对象 d1 要使用 d1.show()时，编译器将无法得知是哪一个版本的 show()，而产生 "'D::show' is ambiguous" 的错误信息，这便是多重继承模糊的问题。当这种情况发生时，编译器并不能帮上什么忙，只能手动将 show()改名，或是将它重载成类 D 自己的版本，让编译器有个明确的方向知道该使用哪个版本才能解决。

总而言之，使用多重继承要非常小心，虽然它的声明和单一继承差不多，但是背后的潜在问题与程序复杂度却是单一继承所没有的。因此，有经验的程序设计人员提出的建议是，如果可以使用单一继承解决的问题就尽量使用，只有在必要时才使用多重继承。也因为这个缘故，目前有些同为面向对象的程序语言（如 Java、SmallTalk 等）并不支持多重继承。

学会继承的概念后，人们得知面向对象程序语言能够使程序更具结构性，同时如能妥善地运用继承的方式，就不必担心会有破坏数据封装的情况产生了。在第 12 章将更进一步探讨能扩展继承功能的特殊类，使程序更符合人们的需求。

小　结

本章介绍了如何根据一个或多个已有的类定义新类，派生类如何继承基类的非私有成员，如何重载基类的成员。继承是面向对象编程的基本特性，也使多态成为可能。

本章的主要内容如下：

- 类可以派生自一个或多个基类，此时派生类在其所有的基类中继承非私有成员。
- 单一继承就是从一个基类中派生新类。
- 多重继承就是从两个或多个基类中派生新类。
- 访问派生类的继承成员由两个因素控制：基类中成员的访问指定符和在派生类声明中基类的访问指定符。
- 派生类的构造函数负责初始化类的所有成员，包括从基类继承而来的成员。
- 创建派生类对象一般需要按顺序（从最上层基类开始到最下层的直接基类）调用所有间接和直接基类的构造函数，之后执行派生类的构造函数。
- 派生类构造函数可以在初始化列表中显示调用直接基类的构造函数。
- 在派生类中声明的成员，如果与继承的成员名相同，就会遮盖继承的成员。为了访问被遮盖的成员，可以使用作用域解析运算符和类名来限定成员名。

上 机 实 验

1．定义一个基类 Animal，包含两个私有数据成员，一个是字符串类型，用来存储动物的名称，另一个是整型，用来存储动物的重量。该类还包含一个公共成员函数 who()，可以显示一个消息，给出 Animal 对象的名称和重量。把 Animal 作为公共基类派生两个类 Lion 和 Cat，再编写一个 main()函数，创建 Lion 和 Cat 的对象，为派生类对象调用 who()成员，体现 who()成员在两个派生类中是继承得来的。

2．在 Animal 类中，把 who()函数的访问指定符改为 protected，但类的其他内容不变。修改派生类，使原来的 main()函数仍能工作。

3．在第 2 题的基础上，把基类成员 who()的访问指定符改为 public，但在两个派生类中各自重新定义 who()函数的功能，用来输出派生类自己的名字。再修改 main()函数，为每个派生类对象调用 who()的基类版本和派生类版本。

4．定义一个 Person 类，包含数据成员 age、name 和 gender。从 Person 类派生一个 Employee 员工类，添加派生类的成员存储员工编号 number，再从 Employee 派生一个 Teacher 教师类，添加一个数据成员存储系别，给每个派生类都定义一个显示自己成员信息的函数。编写一个 main()函数，在其中创建各个类的对象，然后显示它们的信息。给 Teacher 类的对象调用从 Employee 继承来的成员函数，显示信息。

第12章

成员函数的其他特性

在面向对象的程序设计概念中，凡操作属于同一种对象的，就将这些操作放进该对象的类定义中，形成该类的成员函数。这些函数有时会因为类的特性需求而进行某方面的调整，使得成员函数有了特性上的改变。

virtual 函数可以让类先具有一个操作名称，而没有操作内容，让其他类在继承时再去定义。这让函数除了可以横向重载外，也可以正常的纵向重载。

抽象类（Abstract Class）就是包含 virtual 函数的类，virtual 函数的特性使得抽象类只具有类型而没有实际操作内容。这种类不用来声明对象，只为了让其他类继承，形成该类的基本类型。

friend 函数可以定义类的"朋友"，允许该 friend 函数读取类的 private 数据，使类的使用稍具灵活性。

static 成员函数则是以面向对象的程序设计方式使用全局函数，将针对某类的全局函数放在该类里，成为该类的 static 成员函数。

学习目标

- 掌握 virtual 函数的特点及使用
- 掌握抽象类的特点及使用
- 掌握 friend 函数的特点及使用
- 掌握 static 函数的特点及使用

12.1 virtual 函数

之前已经学习过函数的重载：相同名称的函数利用不同的参数个数或类型来定义不同的执行内容，使得函数的使用更具灵活性。

对象在继承时，也会有类似的情况，派生类可以使用和基类函数相同的名称来重新定义该成员函数的功能，使派生类可以拥有与基类相同名称的函数，但是函数的功能却不同。

在面向对象的程序设计中，常常会用到类的继承，目的是保留基类的特性以减少新类的开发时间。但是派生类虽然可以利用基类的函数，却可能发生不适用的情况。

例如，车子可以有许多功能，其中一个功能为"前进"，车子的前进功能就是改变本身位置。要设计脚踏车或跑车时就可以继承车子这个对象及其所有功能，当然也包括"前进"功能。但脚踏车的"前进"是缓慢的，而跑车的"前进"却是快速的。

这时，就有需要将派生出来的脚踏车及跑车稍做修改，将"前进"的操作配合本身的对象特性。这种修改的操作就要利用本节所介绍的 virtual 函数，其目的就是要让操作能正确的被修改，使得基类对象能顺利的被继承。

12.1.1 改变基类函数

当派生类想要改变基类函数功能时，只要在继承之后声明一个相同的类函数，然后自己定义函数体内的执行功能即可。这个过程相当于为这个派生类声明一个新的函数，只是恰巧和基类的某个函数名称相同而已。

这样的使用方式可以让各个基类或派生类具有各自独立的函数，看起来既直观又简单，但是会在基类指针使用时产生问题。

当人们想要利用基类指针来指向基类及其所派生出来的类时，就会发生无法使用派生类函数的情况。

举个例子来说，假设动物都会叫，狗和猫也是动物，所以也会叫。但狗的叫声是"汪汪汪"，而猫的叫声是"喵喵喵"，狗和猫都具有动物的属性，因此在设计上可以继承动物这个对象。利用这些特性，设计一个 animal 类，这个类拥有一个成员函数 call()。

另外，还设计 dog 及 cat 这两种类都继承自 animal 类，且都重新定义属于自己的 call()函数。这时若利用这两个类声明出来的对象分别执行 call()，会正常执行各类函数的功能；若利用 animal 的指针执行这两种对象的 call()，就会发现结果是不正确的。

【例12-1】

使用基类指针调用基类派生类都具有的成员方法的情况。

本例一开始让各对象执行本身的 call()函数，此时会正确显示各成员函数的执行内容；若利用 animal 的指针来执行这两种对象的 call()函数时，就会执行 animal 类的 call()，而不是其派生类的 call()了。程序代码如下：

```
01  #include <iostream>
02  using namespace std;
03
04  class animal
05  {
06   public:
07      void call();
08  };
09
10  void animal::call()
11  {
12      cout<<" m...."<<endl;
13  }
14
15  class dog:public animal
16  {
17   public:
18      void call();
19  };
20
```

```
21  void dog::call()
22  {
23      cout<<"汪汪汪"<<endl;
24  }
25
26  class cat: public animal
27  {
28   public:
29      void call();
30  };
31
32  void cat::call()
33  {
34      cout<<"喵喵喵"<<endl;
35  }
36
37  void animalCall(animal *thisAnimal)
38  {
39      thisAnimal->call();
40  }
41
42  void main()
43  {
44      animal *Lassie=new(animal);
45      dog *Toto=new(dog);
46      cat *TinTin=new(cat);
47
48      Lassie->call();
49      Toto->call();
50      TinTin->call();
51
52      cout<<"被指针调用"<<endl;
53
54      animalCall(Lassie);
55      animalCall(Toto);
56      animalCall(TinTin);
57  }
```

程序运行结果如图 12-1 所示。

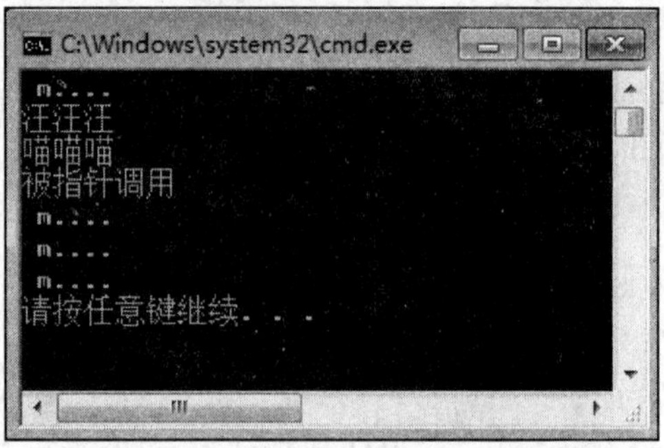

本例的主要代码分析如下：

图 12-1　例 12-1 运行结果

第 4~8 行：定义 animal 类，包含一个成员函数 call()。

第 10~13 行：定义 animal 的 call()函数，没有使用 virtual。

第 15~19 行：定义 dog 类，继承自 animal 类。

第 21~24 行：dog 类重新定义了基类的 call()函数。

第 26~30 行：定义 cat 类，继承自 animal 类。

第 32~35 行：cat 类重新定义了基类的 call()函数。

第 37~40 行：设计一个 animalCall()函数，通过 animal 指针调用传递 animal 这个类或它所派生出来的类中的函数 call()。

第 48~50 行：让各类执行自己的 call()函数。

第 54～56 行：利用 animalCall()函数来执行 3 种类的 call()函数。

因为 dog 及 cat 是继承自 animal 类，所以这两个类实际上都会具有两种"重载"的 call()函数，一种是 animal 的 call()，一种是它们本身的 call()。在 animalCall()这个函数中，thisAnimal 指针被定义为 animal 的指针，因为一个类的指针除了可以指向自己的类外，也可以指向派生出来的类，所以这个指针也可以指向由 animal 派生出来的 dog 及 cat 类。当这个指针指向 dog 及 cat，并要执行 call()时，就会调用 dog 及 cat 这两个类当中 animal 的 call()函数。

如果希望基类指标能正确调用派生类的成员函数，就得使基类所拥有的这个函数在被继承后还能被派生类更改其函数功能，而不是利用另一个函数来和基类的函数进行重载。

这样的功能就必须使用 virtual 关键字，利用 virtual 关键字来声明一个 virtual 成员函数时，会使派生类能重新定义这个函数的执行内容，使基类能拥有一个可被重新定义的函数。这样，在开发程序时可以更具有灵活性的使用派生类，使基类的属性更加完整。

12.1.2　使用 virtual 函数

前面说过，如果希望成员函数能被重新定义，就要使用 virtual 函数。使用 virtual 函数时，只要在基类的函数前加上 virtual 关键字，这个函数就会被定义为 virtual 函数。

当派生类继承这个基类时，就可以将这个函数重新定义成属于派生类的函数。如果某个函数应该属于基类，但在被继承前，基类自己无法确定其功能，就可以将这样的函数定义为 virtual 函数，以等待派生类来定义。因此，当某个函数被定义为 virtual 函数时，意味着这个函数在基类被继承时应被重新定义。

【例12-2】

virtual 函数的定义和使用。

这里将例 12-1 进行修改，本例中，将 animal 类的 call()函数定义为 virtual 函数，dog 及 cat 类则不做任何改变。程序代码如下：

```
01  #include <iostream>
02  using namespace std;
03
04  class animal
05  {
06   public:
07      virtual void call();
08  };
09
10  void animal::call()
11  {
12      cout<<" m...."<<endl;
13  }
14
15  class dog:public animal
16  {
17   public:
18      void call();
19  };
20
21  void dog::call()
```

```
22  {
23      cout<<"汪汪汪"<<endl;
24  }
25
26  class cat:public animal
27  {
28
29   public:
30      void call();
31
32  };
33
34  void cat::call()
35  {
36
37      cout<<"喵喵喵"<<endl;
38
39  }
40
41  void animalCall(animal *thisAnimal)
42  {
43      thisAnimal->call();
44  }
45
46  void main()
47  {
48      animal *Lassie=new(animal);
49      dog *Toto=new(dog);
50      cat *TinTin=new(cat);
51
52      Lassie->call();
53      Toto->call();
54      TinTin->call();
55
56      cout<<"Call by pointer"<<endl;
57
58      animalCall(Lassie);
59      animalCall(Toto);
60      animalCall(TinTin);
61  }
```

程序运行结果如图 12-2 所示。

对比前面的例 12-1，本例的主要代码分析如下：

第 7 行：定义 animal 的 call() 函数为 virtual 函数。

第 21～24 行：dog 类重新定义了 call() 函数。

第 34～39 行：cat 类重新定义了 call() 函数。

因为 animal 类的 call() 函数被定义为 virtual 函数，所以除了各派生类所创建出来的实例能正确调用自身的 call() 函数外，利用 animal 类指针调用其派生类 dog 及 cat 的 call() 函数也是正确的。也就是说，派生类已

图 12-2　例 12-2 运行结果

更改了基类的函数。

virtual 函数的使用应注意：

（1）若某类函数在类被继承时有可能被更改功能，而且也希望被更改，则可以将这个类函数设为 virtual。

（2）若某类函数在类被继承后操作还是不变的，或者派生类使用不到了，则不要将这个类函数设为 virtual，以免造成负担。

（3）一个类函数被定义为 virtual 函数后，以后继承自这个类的派生类在重新定义这个 virtual 函数时，依然还是一个 virtual 函数。也就是说，一个函数被定义为 virtual 后，就不能定义一个非 virtual 但是具有相同参数及返回值的同名函数。

（4）virtual 只能用于类函数，类外的函数是不能声明为 virtual 的。

virtual 函数常常不定义其函数的程序代码，仅作为规范该类的类型，最明显的例子就是抽象类，接下来就来看一下抽象类的相关知识。

12.2　抽　象　类

前面的 virtual 函数已经讲过：有时人们希望由基类派生出来的派生类都具有某些固定的成员函数，而且这样的成员函数在基类还不能定义其程序代码，这时就可以将该函数设置成一个 virtual 函数，让派生类去定义出这个函数的程序代码。

这里进一步研究：如果这种成员函数在基类中没有函数体，而仅仅是利用这种成员函数让该类形成一个抽象结构，以便统一所有由该类派生出来的类，这样的基类就称为抽象类。

12.2.1　抽象类的概念

抽象类的定义是：一个类的成员中至少有一个 pure virtual 成员函数，这样的类就称为抽象类。

抽象类的说明如下：

（1）抽象类不能用来创建实例对象，其存在的目的仅仅是作为其他类的基类。

（2）pure virtual 函数就是将 virtual 的类函数直接设置为 0，没有函数体和程序代码，必须依赖派生类函数来定义。例如：

```
class base
{
 public:
    base();                        //constructor
    virtual void action1()=0;      //pure virtual function
    virtual void action2()=0;      //pure virtual function
void action3();                    //not virtual function
};
```

（3）若派生类没有足够的成员函数来定义基类全部的 pure virtual 函数，则基类的 pure virtual 函数会成为派生类的 pure virtual 成员函数，使新的派生类形成一个抽象类。例如：

```
class derive:public base
{
 public:
    void action1();
};
```

虽然新的派生类 derive 定义了一个成员函数 action1(),用来定义基类 base 的其中一个 pure virtual 函数,但是基类 base 还有一个 action2()的 pure virtual 成员函数,所以派生类 derive 还是一个抽象类。

(4)抽象类中的成员函数可以调用类中其他的 pure virtual 成员函数,但类中的构造函数不可以调用该类的 pure virtual 成员函数。不管是直接还是间接调用 pure virtual 成员函数,程序都无法编译或无法执行。

例如:在 base 类中的 action3()这个函数可以调用其他的 pure virtual 函数 action1(),可是 base 的构造函数不可以调用 action1(),也不可以调用 action3(),因为调用 action3 会间接调用 action1(),使程序在执行时出现问题。具体程序代码如下:

```
void base::action3()
{
    action1();  //普通成员函数可以调用 pure virtual 函数
}

base::base()
{
    action1();  //错误,构造函数调用 pure virtual 函数
    action3();  //运行时错误,间接调用 pure virtual 函数
}
```

构造函数在对象被创建出来时就会被执行,由于 pure virtual 函数没有程序代码,必须有类继承该对象才能给这个函数适当的程序代码,因此,在构造对象时执行 pure virtual 函数是没有意义且不被允许的。

抽象类虽然不能用于创建实例对象,却可以声明出这种类的指针,用来指向该类及其派生类的对象。例如:

```
base x;         //错误,不能创建抽象类的对象
base *bptr;   //正确,可以声明抽象类的指针
```

12.2.2　抽象类的使用

通过一个实例,我们来学习为什么要有抽象类。实例中,要让所有的 animal 都能 call()也能 eat(),描述一个 animal 信息的 describe()函数就是调用 animal 的 call()及 eat(),但是所有的动物 call()及 eat()的方式都不一样,因此 animal 的 call()及 eat()都是 virtual 函数,其他动物 dog 及 cat 继承后定义这两个操作。然后执行 animal 的成员函数 describe(),来描述 dog 及 cat。

【例12-3】

抽象类的使用。
程序代码如下:

```
01  #include <iostream>
02  using namespace std;
03
04  class animal
05  {
06   public:
07      virtual void call()=0;
08      virtual void eat()=0;
09      void describe();
10  };
11
```

```
12   void animal::describe()
13   {
14       call();
15       eat();
16   }
17
18   class dog: public animal
19   {
20    public:
21       void call();
22       void eat();
23   };
24
25   void dog::call()
26   {
27       cout<<"汪汪汪"<<endl;
28   }
29
30   void dog::eat()
31   {
32       cout<<" 啃骨头"<<endl;
33   }
34
35   class cat: public animal
36   {
37
38    public:
39       void call();
40       void eat();
41
42   };
43
44   void cat::call()
45   {
46       cout<<"喵喵喵"<<endl;
47   }
48
49   void cat::eat()
50   {
51       cout<<"吃小鱼"<<endl;
52   }
53
54   void main()
55   {
56       dog Toto;
57       cat TinTin;
58
59       cout<<" dog 类对象:"<<endl;
60       Toto.describe();
61       cout<<endl<<" cat 类对象:"<<endl;;
62       TinTin.describe();
63   }
```

本程序中,dog 及 cat 改变了 animal 这个抽象类的 call()及 eat()两个 pure virtual 函数,并由 animal 的 describe()显示出来。

程序运行结果如图 12-3 所示。

本例的主要代码分析如下：

第 7、8 行：定义 animal 类的 pure virtual 成员函数。

第 12~16 行：定义 describe 成员函数，调用 call() 及 eat()两个 virtual 函数。

第 25~33 行：定义 dog 类继承的 pure virtual 函数的内容。

第 44~52 行：定义 cat 类继承的 pure virtual 函数的内容。

图 12-3　例 12-3 运行结果

第 60 行：通过 dog 类对象执行 describe()成员函数。

第 62 行：通过 cat 类对象执行 describe()成员函数。

本例中,dog 及 cat 这两个类并没有声明 describe()函数,这两个类所声明的对象调用的 describe() 函数是从 animal 继承而来的。在 animal 类中的成员函数 describe()调用了另两个成员函数 call()及 eat(),虽然 call()及 eat()在 animal 并没有定义其指定的程序代码,但是因为规定了这两个函数都是 pure virtual 函数,所以从抽象类 animal 派生的两个派生类都得定义这两个 pure virtual 函数的程序 代码,才能声明出对象以执行 describe()函数。

最后总结一下，一个定义了 pure virtual 成员函数的抽象类所具备的几个特性：

（1）这样的类不能用来创建实例对象,否则该对象将会有一个没有程序代码的函数,使用时 会发生错误。

（2）继承自抽象类的派生类,若希望可以用来创建实例对象,则要为所有的 virtual 函数定义 程序代码,否则该派生出来的派生类仍是一个抽象类。

可以看出，定义抽象类的目的是为了规范以后派生出的派生类，而不是为了现在使用它。

12.3　friend 函数

C++的类在设计函数时有所谓的朋友函数,因为类当中也有一些秘密数据是不希望让外部程 序随意读取的,但类的"朋友"却可以读取类中的秘密数据,这种朋友函数称为 friend 函数。这 样的设计是为了适度开放,以增加程序设计上的灵活性。

12.3.1　friend 函数的概念

为了保护类中的数据,开发人员在设计时需要规范哪些数据或成员函数是 public 公共的、哪 些是 private 私有的,哪些是 protected 被保护的。

将数据成员设计为 private 的目的是希望这些数据只能由该类的成员函数读取或改变,其他不 属于该类的函数则不能直接读写这些数据成员。

但有时需要给某些类外面的函数读写内部的 private 数据,这时就要在类中声明一个 friend 函数。 friend 函数在类外面可以读写内部的 private 数据,不受该类 private 的限制。

例如，有一个能显示"准备什么给 animal 吃"的函数 giveWhat(),这个函数需要读取 animal 的 private 数据,那么就在 animal 这个类中加进一个 friend 成员函数 giveWhat(),形式如下：

```
class animal
```

```
{
    char food[10];
public:
    …
    friend void giveWhat(animal& thisAnimal);
    …
}
```

这样，只要函数名称是 giveWhat(animal& thisAnimal)，不管是独立函数，还是其他类的成员函数，都能读写 animal 的 private 数据 food。下面来看看具体的使用。

12.3.2　friend 函数的使用

通过一个实例来学习 friend 函数的使用。在前面的 animal 类中进行修改，在该类中增加一个 giveWhat(animal *thisAnimal)的 friend 函数，在主程序中设计了一个这种类型的函数，用来显示各种 animal 的 food 数据。其中，food 在 animal 类中是 private 的，不允许让其他非 animal 类的函数读取，但是 friend 函数能够对其进行读取。

【例12-4】

friend 函数的使用。

本例中 animal 类的 friend 函数正常读取 animal 的 private 私有数据 food。程序代码如下：

```
01  #include <iostream>
02  #include <string>
03  using namespace std;
04
05  class animal
06  {
07   private:
08      char food[10];
09   protected:
10      void setFood(char *name);
11   public:
12      animal();
13      friend void giveWhat(animal& thisAnimal);
14  };
15
16  void animal::setFood(char *name)
17  {
18      strcpy(food,name);
19  }
20
21  animal::animal()
22  {
23      strcpy(food,"水");
24  }
25
26  class dog: public animal
27  {
28   public:
29      dog(char *fn);
```

```
30    };
31
32    dog::dog(char *fn)
33    {
34        setFood(fn);
35    }
36
37    class cat: public animal
38    {
39     public:
40        cat(char *fn);
41    };
42
43    cat::cat(char *fn)
44    {
45        setFood(fn);
46    }
47
48    void giveWhat(animal& thisAnimal)
49    {
50        cout<<"我们需要"<<thisAnimal.food<<"."<<endl;
51    }
52
53    void main()
54    {
55        dog Toto("骨头");
56        cat TinTin("小鱼");
57
58        cout<<"我们要给小动物什么食物? "<<endl;
59        giveWhat(Toto);
60        giveWhat(TinTin);
61    }
```

程序运行结果如图 12-4 所示。

图 12-4   例 12-4 运行结果

本例的主要代码分析如下：

第 8 行：定义 animal 类中的 private 数据 food。

第 13 行：设置 animal 类的 friend 函数 giveWhat()。

第 32～35 行：定义 dog 类的构造函数利用 animal 的成员函数设置 food 数据。

第 43～46 行：定义 cat 类的构造函数利用 animal 的成员函数设置 food 数据。

　　第 48～51 行：声明 animal 类的 friend 函数 giveWhat()，读取 animal 类的 private 数据 food。

　　第 59、60 行：通过 dog 类的对象和 cat 类的对象分别执行 giveWhat()函数。

　　本例中，因为 food 在 animal 类中是 private 数据，所以派生类也不能读写 food 数据，需要利用 animal 类所提供的 setFood()函数来设置 food 数据。

　　而 setFood()函数是被保护的成员函数，因此只有派生类可以调用，类外的函数是不允许直接执行的。在创建 dog 及 cat 类对象时，会在执行构造函数的过程中调用 setFood()函数设置 food 数据。

　　接下来声明一个 animal 类中设置的 friend 函数 getWhat()，在 giveWhat()函数中直接读取 animal 的 private 数据，并输出至屏幕上。

　　若是 animal 类中没有将 giveWhat()定义为 friend 函数，那么在程序编译时将会出现编译错误。

　　这个程序示范了类的 friend 函数可以读取类的 private 数据。

　　实际上，使用 friend 函数会破坏整个程序的模块化及封装特性，影响整个程序的未来发展。因此，在使用上要注意：

　　（1）使用 friend 函数其实不是一种很理想的程序设计方式，除非程序不使用 friend 函数将会造成整个结构非常难写或复杂，否则应尽量避免使用它。

　　（2）程序设计时，若发现有需要让其他类读取该类的数据时，应该让该类以被继承的方式将数据共享给其他类，而不是设计 friend 函数来违反面向对象程序设计的规则。

12.4　static 静态成员

　　有时希望程序在执行时能有一些变量是任何函数或指令都能读取或设置的，这就要用到 static 关键字来修饰变量。被 static 修饰的变量在整个程序中始终使用同一块内存，是所有对象共同使用和维护的变量。static 静态变量可以当做全局变量，在程序执行中各种函数可以使用静态变量进行互相沟通。static 静态变量作为类的数据成员，可以用来和其他类直接沟通。

　　在 C++中，开发人员在设计一个全局变量时，要考虑到这个全局变量是供哪个类使用的，将这个全局变量放在该类当中，成为该类的 static 数据成员。要注意不要因一时方便而设计出一个整个程序的全局变量，这样会破坏程序面向对象的特性。

　　除了可以定义 static 静态成员变量，类的成员函数也可以被设置为 static，这种函数我们称为 static 静态函数。static 静态函数可以处理 static 静态变量，同时可以通过类直接使用。

12.4.1　static 静态成员变量

　　当一个类中的数据成员被设置为 static 时，该变量便成为静态变量，这样的变量被该类的所有对象共同维护和使用，不再是每个对象拥有各自的一份。也就是说，这时不管用该类声明了多少对象，静态变量在整个程序中只有一个。

　　静态变量必须先声明出来，所以通常都会在定义类的同一个文件中声明出这个变量。

　　举个例子来说，假设在一个类中声明了一个 static 数据成员：

```
class A
{
    static int i;
    public:
    …
}
```

　　那么，在类外面就要同时声明这个变量，以作为这个变量实际访问的位置：

```
int A::i=1;
```

本例在声明该变量的同时也定义了该变量的大小,若不定义大小,则其默认值为 0。另外,这样的声明也说明了这个变量位置是专给 A 这个类中的 static 数据成员 i 使用的。

这种 static 变量在程序编译时就将内存位置规划出来,使程序在后来执行时,所有声明对象的内部 static 数据成员都指向这个位置。

可能有人会觉得有些困惑:i 这个数据成员在 A 类中不是私有的吗?为什么可以直接定义它的值呢?这样不就破坏了类结构吗?其实这样的声明并不是定义 A 类中 i 这个数据成员的值,而是另外声明了一个 i 变量让类中的成员连接指向它,所以这样的声明并没有对该类成员做任何操作,当然也不能说它破坏了类结构。

接下来举个例子,说明 static 数据成员都是访问同一个位置。

【例12-5】

static 静态成员的使用。

本例中,animal 有一个 static 数据成员 num,用来记录目前 animal 被声明的个数,animal 的构造程序会在对象被声明出来时将 num 加 1,然后将个数显示在屏幕上。程序代码如下:

```
01  #include <iostream>
02  using namespace std;
03
04  class animal
05  {  static int num;
06   public:
07      animal();
08      int number();
09  };
10
11  int animal::num;
12
13  animal::animal()
14  {
15      num++;
16  }
17
18  int animal::number()
19  {
20      return(num);
21  }
22
23  void main()
24  {
25      animal first;
26      cout<<"创建第一个 animal 类对象"<<endl;
27      cout<<"现在我们有"<<first.number()<<"个 animal 类对象"<<endl;
28      animal second;
29      cout<<"创建第二个 animal 类对象"<<endl;
30      cout<<"现在我们有"<<first.number()<<"个 animal 类对象"<<endl;
31      cout<<"现在我们有"<<second.number()<<"个 animal 类对象"<<endl;
32  }
```

程序运行结果如图 12-5 所示。

图 12-5　例 12-5 运行结果

本例的主要代码分析如下：

第 5 行：animal 类中声明了一个 static 数据成员 num，用来记录目前 animal 类被声明出几个实例。

第 11 行：声明一块 static 数据成员的访问位置。

第 13~16 行：定义 animal 类的构造函数，使该类的实例被声明出来时，将 num 加 1。

第 18~21 行：因为 num 数据是私有的，设计一个 number 的成员函数，用来读取 num 数据。

第 25 行：创建第一个 animal 对象 first。

第 27 行：通过第一个对象 first 显示该对象中的 num 值。

第 28 行：创建第二个 animal 对象 second。

第 30、31 行：分别通过对象 first 和 second 显示它们的 num 值。

因为 first 及 second 这两个对象的 num 是 static 数据成员，虽然 num 位于不同对象中，但所代表的却是同一条数据。程序创建第二个对象 second 时，将对象中的 static 数据成员 num 加 1，就会造成第一个对象 first 的 num 也多 1。所以，在创建第二个对象后，读取 first 及 second 的 num 都是 2。将 num 设为 private，并设计一个 number 成员函数来读取这个数据成员，目的是为了保护 num 不让其他对象改变它的值。

接下来可能会遇到一个问题：如何在对象创建前设置 num 的初始值。可以直接在程序 11 行设置初始值，如 "int animal::num=10"，但若不想在程序编译前设置初始值，而希望在程序执行时再设置，此时就要依赖 static 成员函数了。

12.4.2　static 成员函数

将类中的成员函数设为 static，目的是让同一个函数能在程序的任何地方被调用，使这个函数能成为全局函数。所谓 "任何地方"，是指即使该类还没声明实例，也能调用这个函数，即这个函数不依赖对象调用。介绍完 static 数据成员后，相信这种情况应该不难理解，因为 static 函数在编译阶段就会在内存规划一个位置存放程序代码了，程序执行时即使没有对象，也能调用该函数。

在类中声明 static 成员函数的情况和 static 数据成员一样，应用对象通常是该类，而不是该类的对象。虽然如此，static 成员函数也还是可以由类声明出来的对象调用，但通常还是通过类直接调用。实例代码如下：

```
class A
{
public:
    static void action();  //静态函数
};
```

```
void A::action()
{
}
main()
{
    A::action();                    // 通过类调用它的静态函数
}
```

若一个类当中有 static 成员函数，要记得此函数设计的目的是对类做处理，而且通常是为了处理类中的 static 数据成员。

static 静态成员函数的相关说明：

（1）因为设计 static 成员函数是为了处理类，所以不能使用 this 指针。

（2）由于没有 this 指针，所以只能调用和读写其他 static 成员函数。

（3）定义类时，static 成员函数的程序代码也必须同时在内存中和类一起规划位置，因此也不能将其设为 virtual 函数。

接下来在例 12-5 的基础上加一个 static 成员函数，用来设置 num 的初始值，以说明如何用 static 成员函数来设置 static 数据成员。

【例12-6】

static 静态成员函数的使用。

本例将 num 的初始值设为 10，所以创建第一个 animal 对象后 num 会变成 11，而创建第二个 animal 对象后，num 会变成 12。程序代码如下：

```
01   #include <iostream>
02   using namespace std;
03
04   class animal
05   {
06       static int num;
07    public:
08       animal();
09       int number();
10       static void setNum(int i);
11   };
12
13   int animal::num;
14
15   animal::animal()
16   {
17       num++;
18   }
19
20   int animal::number()
21   {
22       return num;
23   }
24
25   void animal::setNum(int i)
26   {
27       num=i;
```

```
28  }
29
30  void main()
31  {
32      animal::setNum(10);
33      cout<<"现在我们有"<<10<<"个小动物"<<endl;
34      animal first;
35      cout<<"创建了一个动物类对象"<<endl;
36      cout<<"现在我们有"<<first.number()<<"个小动物"<<endl;
37      animal second;
38      cout<<"又创建了一个动物类对象"<<endl;
39      cout<<"现在我们有"<<first.number()<<"个小动物"<<endl;
40      cout<<"现在我们有"<<second.number()<<"个小动物"<<endl;
41  }
```

程序运行结果如图 12-6 所示。

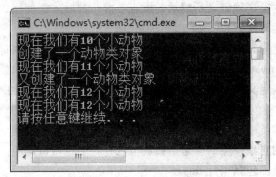

图 12-6　例 12-6 运行结果

本例的主要代码分析如下：

第 10 行：为 animal 类声明一个静态成员函数 setNum(int i)。

第 25～28 行：完成 setNum()函数的定义，将 num 设置为参数 i 的值。

第 32 行：在声明 animal 对象前执行 static 成员函数 setNum()，传入参数 10，将 num 的初始值设置为 10。

第 34 行：创建一个 animal 类的对象 first。

第 36 行：通过 first 对象查看 num 的值并输出。

第 37 行：创建一个 animal 类的对象 second。

第 39、40 行：分别通过 first 对象和 second 对象查看 num 的值并输出。

在类对象被声明出来后，不管是以指针还是以"对象."的方式都可以调用 static 成员函数。但调用的函数操作依然是针对该类，而不是某对象，哪个对象执行这个函数的结果都是一样的，影响也仅限于该类的 static 数据成员。

static 的函数或变量可以放在类外，从而形成整个程序的全局函数及全局变量。但是，以面向对象的观点来看，这个作法并不好，因为任何数据及函数都应该是属于某对象的。人们在设计 static 的函数或变量时，应该考虑这个函数或变量应用于哪个类，将其放在该类中，才能符合面向对象的规则。

小   结

面向对象的程序设计是一种很方便的概念，使每一阶段的程序开发更具发展性，也使开发大型程序更能适合团队合作。本章介绍了几种类函数特性，有些是为了加强程序其面向对象的特性，有些使用不当则可能会破坏这样的特性。如果能更好地利用这些特性，使程序设计可以符合面向对象规则，相信程序一定能更具有发展性，软件开发也会更加方便。

本章的主要内容如下：

- 基类中的函数可以声明为 virtual。在派生于该基类的所有类中，这会迫使该函数总是虚函数。
- 通过指针或引用调用虚函数时，函数调用是动态解析的。函数调用的对象类型将确定所使用的函数版本。
- 纯虚函数没有定义。基类中的虚函数在函数声明的最后加上"=0"就变成了纯虚函数。
- 包含一个或多个纯虚函数的类称为抽象类，这种类不能创建对象。
- 抽象类的任何派生类必须定义所继承的所有纯虚函数后才能使用，否则该派生类也是抽象类，不能用来创建对象。
- 类的成员可以指定为 public，此时它们可以由程序中的任何函数自由访问。另外，类的成员还可以指定为 private，此时它们只能被类的成员函数或友元函数访问。
- 类的数据成员可以定义为 static。无论类中创建了多少个对象，类中的静态数据成员都只有一个。
- 可以在类对象的成员函数中访问类的静态数据成员，它们不是类对象的一部分。
- 即使没有创建类的对象，类的静态函数成员也存在，也可以调用。
- 类的静态函数成员不包括指针 this。

上 机 实 验

1. 定义基类 Animal，它包含两个私有数据成员，分别是用来存储动物名称的字符串变量和用来存储动物重量的整型变量。该基类包含一个公共的虚函数 who() 和纯虚函数 sound()。公共的虚函数 who() 返回一个字符串，该字符串包含动物的名称和重量。纯虚函数 sound() 在派生类中返回一个字符串，用来表示该动物发出的声音。

把 Animal 类作为一个公共基类，至少派生出 3 个类 Sheep、Dog 和 Cow，在每个类中实现 sound() 函数。

测试类的使用。

2. 编写一个类 Sequence，按照升序存储整数序列，在构造函数中提供序列的长度和起始值。该序列默认有 10 个值（0、1、2...9），要有足够的内存空间来存储该序列，再用要求的值进行赋值。定义 Print() 函数列出该序列，以保证正确创建 Sequence 对象。编写一个比较函数，把它作为 Sequence 类的友元。比较时如果 Sequence 对象的长度不同，则认为它们是不同的。如何设置参数和调用该函数？

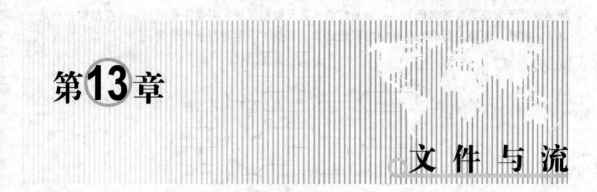

第13章

文件与流

程序在执行时经常会要求用户输入一些数据，可能要求用户以键盘输入，或是在程序执行前以参数或文件的方式加入。这种加入参数的指令是在 main() 函数中规定的，可以使程序执行更有效率。处理大量数据时，若能先将数据以文件的方式存放，便可以利用文件大量读取并执行。

本章将介绍 C++ 如何运用流的概念来处理数据与各种硬设备之间交互的关系，使得数据处理更灵活，尤其是磁盘文件的处理。

本章先介绍流对象，然后将文件及内存一起讲解，读者会发现 C++ 巧妙结合了所有计算机的外围设备，使外围设备的应用更加方便。

学习目标

- 理解流类并掌握其使用
- 掌握磁盘文件 I/O 的使用
- 掌握对象 I/O 的使用
- 识别流错误并进行错误处理
- 掌握命令参数的使用

13.1 流 类

C++ 中的流是一种抽象的形态，是指计算机中的数据从一端移向另一端。起始的一端称为源端，终止的一端称为目的端。这里的源端或目的端通常是指计算机中的屏幕、内存、文件等一些输入输出设备。

C++ 中有一些类专门用于处理计算机的各种设备，使其成为流的源端或目的端，让这些设备能不断提取或插入数据，这些类就是流类。

流类主要是以两种类为基础：一部分是继承自 ios 类，另一部分是继承自 streambuf 类。

ios 类及其派生类通常用来处理计算机中输出及输入的操作，如文件读写、屏幕输出、键盘输入等；streambuf 类及其派生类则通常用来处理和计算机中的各种设备接触的操作，因此通常会和硬件 buffer 有关。

13.1.1 ios 类

图 13-1 为继承自 ios 类的派生关系，箭头表示"继承自"的关系。举例来说，ofstream 是继

承自 fstreambase 及 ostream，而这两个类又都继承自 ios 类。所以，fstreambase、ostream 及 ios 这 3 种类的类函数及类数据都是 ofstream 的成员函数及数据成员。需要注意的是，这些结构并不是一对一的继承，而是用到前面所介绍的多重继承，有些类是同时继承两种类。

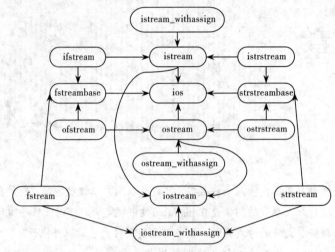

图 13-1　ios 类派生关系图

可以看到，所有输入/输出对象都直接或间接继承自 ios 类，ios 类的成员包含各种对象的设置及操作。例如，对象的打开模式（是输出用还是输入用，是要重写新数据还是加入新数据）、对象的格式（数据是十进制还是十六进制，是左对齐还是右对齐）或一些对象操作（每一条数据宽度，返回数据结尾）。

所有流对象都能有类似的数据控制方式，那就是"<<"及">>"运算符。这两个运算符在流中扮演很重要的角色，使得 C++的输入/输出控制更清楚简单。

13.1.2　ostream 类

从流的源端而论，目的端就是 ostream 类的对象，可以将数据插入这些对象。将流从源端送到目的端需要利用"<<"运算符。"<<"是一些重载的输出运算，其左侧是 ostream 对象，右侧是任何可以插入该对象的数据类型。例如：

```
cout<<"Hello World!\n";
```

这是将"Hello World!\n"字符串送入 cout 这个对象，cout 是基本的输出设备，意思是"C OUT"，通常是指计算机的屏幕设备，所以这个指令会在屏幕上显示"Hello World!"，并将光标换至下一行。

有连续的"<<"运算符时，会从左至右将其所带的数据插入 ostream 对象。如此便允许将一些数据连续插入对象中，这会使数据像流水般不断地送往目的端，这就是为什么会被称为流的原因。

经过流对象输入/输出的数据类型可以不管顺序，不提前定义就一个接着一个地送进流对象中。例如：

```
int i=1;
float f=2.34;
cout<<"i="<<i<<",f="<<f<<endl;
```

这个指令会在基本输出设备（屏幕）上显示：

```
i=1,f=2.34
```

显示完这一行后，会让输出设备的输出位置换到下一行，这是因为流的最后一项数据是 endl，endl 用来控制输出设备将输出位置换到新的一行，像这样的数据可以视为一种 ostream 对象的控制符。

控制符随着流进入到 ostream 对象，能控制对象做不同的操作。较常用的控制符如表 13-1 所示。

表 13-1 常用的控制符及功能

控制符名称	功　　能	控制符名称	功　　能
dec	输出状态为十进制	resetiosflags()	反设置对象格式位
hex	输出状态为十六进制	endl	换行并且冲洗输出设备
oct	输出状态为八进制	flush	冲洗输出设备
setbase(int n)	输出状态为 n（二、八、十、十六）进制	setfill(int c)	设置填充字符 c
setiosflags(float f)	设置对象格式位	setw(int n)	设置数据显示宽度 n 字符

这些控制符有些比较简单，不需要再 include 文件，如 endl；有些则比较复杂，被声明在 iomanip.h 中，使用前必须将这个文件 include 进来。

setw()控制符用来设置输出数据的宽度，目的在于使输出格式能统一宽度。为了统一宽度，多出来的位置必须用某些字符来填充，默认值是空格符，而 setfill()控制符就是设置所要用来填充的字符。这些控制符的效果是针对控制符后面的下一条数据，例如：

```
cout<<1<<setw(6)<<23<<456<<endl;
```

会在屏幕上显示：

```
1    23456
```

在 1 被送进输出设备前，先送进一个控制符，将数据宽度设为 6，因此在屏幕上输出 23 前，会用空格填充成 6 个字符，再输出下一条数据 456。同样的操作也可以用对象的成员函数来完成，例如要让输出设备输出宽度为 6，填充字符为#，可以做如下设计：

```
cout<<1;
cout.fill('#');
cout.width(6);
cout<<23;
cout<<456;
```

这个程序会在屏幕上显示：

```
1####23456
```

设置的效果同样是针对下一条数据，使 23 在输出前用#填充成 6 个字符，然后输出到屏幕上，456 会恢复到默认值。默认值是填充字符时是在数据的左侧，使数据靠右对齐，若要设置填充字符在输出数据的右侧，使其靠左对齐，则利用 setf()来进行设置：

```
cout.fill('#');
cout.width(6);
cout.setf(ios::left);
cout<<23;
```

程序的输出结果如下：

```
23####
```

setf()参数"ios::left"告知 setf()函数要设置对象格式位，此例是设置对象格式为左对齐，在文字右侧填上字符。要填充的字符除了可以利用 cout 的 fill()成员函数外，也可以利用控制符 setfill()来设置：

```
cout<<setfill('#')<<setw(6)<<setiosflag(ios::left)<<endl;
```

对象格式位是 ios 类中的数据成员，是由两个字节共 16 位来表示对象格式，表 13-2 为一些常用的设置。

表 13-2 对象格式位的常用设置

名　称	功　能	名　称	功　能
skipws	在对象输入时忽略空格符	hex	将数据进行十六进制转换
left	输出靠左对齐，在右侧填充字符	showbase	显示对齐指示位置
right	输出靠右对齐，在左侧填充字符	showpoint	以十进制有小数点的方式显示浮点数
internal	按指示位置对齐	uppercase	将十六进制数以大写方式显示
dec	将数据进行十进制转换	showpos	当输出正数时显示"+"符号
oct	将数据进行八进制转换	scientific	以科学记号方式显示浮点数

这些格式可以用或运算同时进行设置，例如，要设置输出靠左对齐且将数据进行 16 进制转换，则使用 setiosflags(ios::left | ios::hex)控制符。

除了输出对象格式外，这个格式设置还包括输入对象的格式，下一节将具体介绍。

13.1.3　istream 类

和 ostream 相反的是 istream，istream 类对象是从流的目的端将数据从源端"读取"过来。istream 对象可以在尚有数据的情况下，将数据不断取出来。

将数据从源端提取至目的端需要利用">>"运算符。">>"是一些重载的输入运算，其左侧是 istream 对象，右侧是任何可以提取该对象的数据类型。例如：

```
char a;
cin>>a;
```

这个程序执行时，a 会在有字符输入时，从输入设备读进一个字符，但是此时若没有字符输入，而是空格符输入，>>会忽略所有的空格符，直到有字符输入为止，以另一个例子来说：

```
char a,b;
cin>>a>>b;
```

程序执行时会先跳过所有的空格符，然后读进第一个字符存放在 a，接着还是跳过所有的空格符，再读取下一个字符给 b。即使要读取的是一个字符数组（或字符串）也一样，空格符还是会被跳过，并且空格符后的数据会被当做下一条数据，例如下面这个例子：

```
char a[10],b;
cin>>a>>b;
```

程序执行时，若输入"Hello World!"，然后按【Enter】键，所有输入的数据会放在 cin 对象中，然后">>"运算符进行读取的操作，让 a 字符串存放 Hello，b 字符存放 W。

这样的设计在读取数值数据时较方便，但是若要读取字符串数据就有些麻烦，此时可以利用 istream 的成员函数 get()来读取任何字符或字符串，get()函数提供多种重载以适用于各种况状，详细情形会在后面的文件读取对象处加以说明。

13.2　流　错　误

在 ios 类中有一组内容用来表示流对象目前的状态：是否可以读写，或者是否因为某些原因导致对象无法使用，这些显示状态的内容称为状态位。

13.2.1　状态位

状态位共有 4 个，分别为 goodbit、eofbit、failbit 及 badbit。每个位有两种状态，设置或未设置，下面分别说明其代表的意义：

goodbit：当其他状态位都是未设置时，这个位就会被设置。

eofbit：当读写的位置指针在文件结尾读不出数据时，这个位就会被设置。

failbit：这个位设置时表示对象状态是有问题的，但可能还是可用状态。例如想从对象读出数值，但是下一个读出的是字符。

badbit：这个位设置时表示对象状态已经不能用了，读不出数据或是数据已流失。

设置 eofbit 状态位是因为文件结束而读入失败，并不是读完最后一个字符就会设置起来，而是在下一次读取时才会被设置起来，而且 failbit 及 eofbit 通常都会被一起设置。

badbit 会因为输入对象的输入通路突然断了或对象被释放而设置起来。goodbit 只有在其他位都未设置时，才会被设置。

这些位通常不是直接使用，而是利用一些函数返回值来得到一些对象状态，分析错误情况。

13.2.2 状态函数

对象状态可以利用一些流对象的成员函数得到，例如以下函数：

good()：当 goodbit 是设置时，返回真值。

eof()：当 eofbit 是设置时，返回真值。

fail()：当 failbit 或 badbit 是设置时，返回真值。

bad()：当 badbit 是设置时，返回真值。

除了这些函数可以返回状态外，也可以利用 rdstate()返回所有的状态位。错误排除后可以用 clear()函数来清除所有状态位的设置。例如：

```
cin.clear();
```

可以清除所有的设置，而：

```
cin.clear(ios::failbit);
```

可以清除 failbit 的设置。

【例13-1】

状态位的使用。

程序让用户输入一个整数，然后显示输入流对象 cin 的状态位。程序代码如下：

```
01  #include <iostream>
02  using namespace std;
03
04  void main()
05  {
06      int x;
07
08      cout<<"cin.good(): "<<cin.good();
09      cout<<" cin.eof(): "<<cin.eof();
10      cout<<" cin.fail(): "<<cin.fail();
11      cout<<" cin.bad(): "<<cin.bad()<<endl;
12
13      cout<<"请输入一个整数: ";
14      cin>>x;
15      cout<<"cin.good(): "<<cin.good();
16      cout<<" cin.eof(): "<<cin.eof();
17      cout<<" cin.fail(): "<<cin.fail();
```

```
18              cout<<" cin.bad(): "<<cin.bad()<<endl;
19
20              cout<<"在 cin.clear()之后: "<<endl;
21              cin.clear();
22              cout<<"cin.good(): "<<cin.good();
23              cout<<" cin.eof(): "<<cin.eof();
24              cout<<" cin.fail(): "<<cin.fail();
25              cout<<" cin.bad(): "<<cin.bad()<<endl;
26      }
```

在运行时没有输入整数，而是一个字符，程序运行结果如图 13-2 所示。

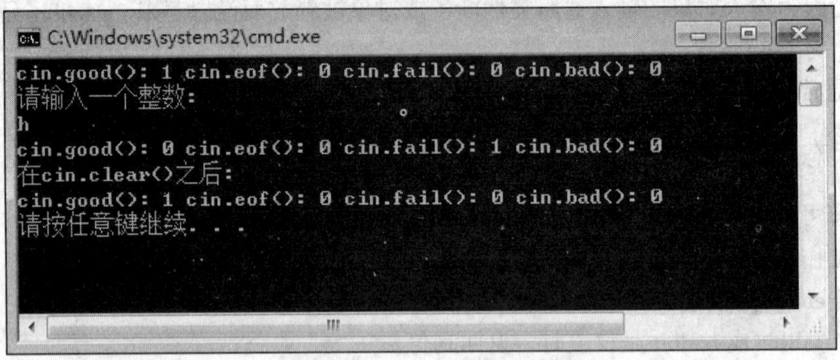

图 13-2　例 13-1 运行结果

本例的主要代码分析如下：

第 8～11 行：在使用 cin 前显示 cin 的状态。

第 15～18 行：重载 cin 读取数据时的状态。

第 22～25 行：清除状态后的对象状态。

程序执行时，若输入整数，则 goodbit 会呈设置状态，而输入字符，则状态位会显示错误状态。clear()函数虽然会清除所有的状态位，但是因为 goodbit 在其他位都被清除的状态时就会变成设置。在其他位都是清除的状态时，单独清除 goodbit 是无法做到的。

状态位最大的用处是用来处理文件读写的状态，因为文件处理是很复杂的操作，若能以状态位来辅助，一定可以处理的更得心应手。

13.3　文件 I/O

程序执行时，各种数据都是暂时存放在内存中供读取的，当程序执行完毕或计算机关机后，数据就会消失。若要保存数据，就必须将数据以文件的类型存放在磁盘中，下次需要使用时再读取磁盘中的文件数据，并对磁盘文件进行输入/输出处理。

处理文件输出及输入的流类包括了 ofstream 及 ifstream 类，文件输出使用 ofstream 类，该类继承自 ostream 类；文件输入则使用 ifstream 类，该类继承自 istream 类。所以，文件类的对象在进行数据处理时，会和 cout 及 cin 对象处理数据的方式类似。

要使用 ostream 及 istream 类，就必须 include 一个头文件：fstream.h。因为 fstream.h 中已经包含 iostream.h，所以在 include 了 fstream.h 之后，就不用再 include iostream.h 了。

对一个文件进行读写操作，主要包含 3 个步骤：

（1）声明一个输出或输入的文件对象。

（2）对文件对象进行"插入"或"提取"操作。

（3）关闭文件对象。

 注 意

　　（2）中在对文件对象进行处理时，主要是针对内存中的对象进行处理，只有在（3）之后，文件才会真正的写到磁盘驱动器中保存下来。

13.3.1　写入文件数据

　　在程序中打开一个文件写入数据时，需要决定是要将文件重写，还是要将写入的数据附加在原文件内容的后面。

　　具体操作如下：

　　（1）声明文件对象。例如：要声明一个文件名为 FILE.OUT 的输出文件对象，最基本的方式如下：

```
ofstream outputObject("FILE.OUT");
```

　　也可以利用 ofstream 的类函数 open() 来创建一个 ofstream 对象，方式如下：

```
ofstream outputObject;
outputObject.open("FILE.OUT");
```

　　以上两种方式声明出来的 ofstream 对象的目的都是创建一个新的文件，让数据可以重新写入该文件，若原文件已有数据，则会使该数据消失，若要保存原数据，使新写入的数据能附加在原数据后面（Append），则声明方式如下：

```
ofstream outputObject("FILE.OUT",ios::app);
```

　　其中第二个参数说明这个输出文件对象被创建的目的是要将新数据加在原数据后面。

　　（2）检查文件创建是否成功。通常在声明文件对象后会进行检查，看看文件是否顺利创建，常用代码如下：

```
if(!OutputObject)   //文件打开失败
{
    return;
}
```

　　这段代码表示若创建文件对象失败，则退出函数，不再往下继续执行。

　　（3）写入数据。声明好对象后，就可以将数据写入 ofstream 对象，方法与将插入数据到 cout 对象一样，代码如下：

```
outputObject<<"Hello World!"<<123<<endl;
```

　　在这行程序中，将字符串及数值数据以流的方式插入对象 outputObject，中间可忽略其数据类型，使用方式和 cout 一样。除了利用这种方式外，也可以利用对象的 put() 或 write() 成员函数，将数据写入对象中。

```
char buf[80];
sprintf(buf,"%s%d","Hello World!\n",123);
outputObject.write(buf,strlen(buf));
```

　　成员函数 write() 的第一个自变量是准备输出的字符串，第二个自变量是字符串的长度，所以先用 sprintf 创建要输出的字符串，输出时再用 strlen() 求字符串长度。

　　put() 及 write() 是 ofstrem 类的基类 ostream 类的成员函数，用来将字符写入类对象中，put() 一次写入一个字符，write() 则可以写入一个字符串。

13.3.2　读取文件数据

读取数据与写入数据的方法类似，具体操作如下：

（1）利用 ifstream 类创建一个输入文件对象。例如，要读取文件名为 FILE.IN 的文件数据，首先创建一个该文件的 ifstream 对象，语句如下：

```
ifstream inputObject("FILE.IN");
```

或

```
ifstream inputObject;
inputObject.open("FILE.IN");
```

（2）检查创建是否成功。在声明 ifstream 对象后，通常会进行检查，常用语句如下：

```
if(!inputObject)
{ // open file failed
    return;
}
```

（3）读取文件数据。要将数据从 ifstream 对象提取出来，与从 cin 对象提取数据的操作类似，语句如下：

```
char a,b;
iputObject>>a>>b;
```

与 cin 对象一样，">>" 运算符会忽略空格符。若要将空格符也读取进来，就要使用成员函数 get()、getline()或 read()。这 3 种函数是 istream 类的成员函数，该类是 ifstream 的基类之一，用来读取输入数据中包含隐藏空格的字符串。

13.3.3　读取包含空格的字符串

利用 ">>" 运算符读取数据会忽略数据中的空格符，而利用 get()函数则可以解决这个问题。

使用 get()函数读取单个字符有两种形式：

（1）get()函数不加入任何自变量时会返回对象中任意一个字符，不管是不是空格符：

```
char a;
a=inputObject.get();
```

（2）使用重载的 get()函数直接读取字符：

```
char a;
inputObject.get(a);
```

这个函数会先读取一个字符，然后放进所给定的字符变量中。

人们还可以使用 get()函数来读取字符串。下面语句的功能是读取一整行数据，或者当该行数据大于 80 个字符时读取 80 个字符。

```
char line[80];
inputObject.get(line,80,'\n');
```

get()成员函数在读取字符时，会在第二个自变量设置字符个数，或在第三个自变量所设置的字符停止下来，并将所读取到的字符放进第一个自变量的字符数组中，然后在字符数组的结尾加上一个字符串结尾字符，使该字符数组变成字符串。本例中，get()函数的第三个自变量是换行字符 "\n"，所以会读取到换行字符为止，换句话说，就是读取一行数据。

若第三个自变量给定空格符，则 get()函数就读取到空格符或者到第二个自变量设置的字符数为止，这样的设置可以根据输入文件类型来进行定义。

通常要读取的是一行数据时，就可以省略不给定 get()函数第三个自变量，而仅给予 get()函数前两个自变量，因为第三个自变量的默认值就是换行字符。

当然，输入文件的最后一行最后一个字符通常不是换行字符，因此，get()函数在读取字符时若遇到文件结束，也是会停止读取的。

与 get()函数类似的是 getline()函数，使用方法和 get()函数一样：

```
char line[80];
inputObject.getline(line,80,'\n');
```

getline()函数和 get()函数是很类似的两个函数，但是在提取数据时，getline()函数会将数据中的换行字符 "\n" 读取出来，而 get()函数则没有读取并将其留在原本的数据中。

在非文本数据的文件中，当所要读取的数据并没有特定的结束字符，或者不管是换行字符或空格符都想要大量读取进来处理时，就要使用 read()函数。例如：

```
char line[D_SIZE];
inputObject.read(line,G_SIZE);
```

上述代码中，D_SIZE 是字符数组的大小，G_SIZE 是从流对象中要读取的字符个数。D_SIZE 必须大于或等于 G_SIZE。这个函数会从流对象中读取 G_SIZE 个字符并放进 line 字符数组中，且在结尾放进字符串结尾字符使 line 变成字符串。与 getline()函数或 get()函数一样，在读取到文件结束时也会停止读取，然后将所读取到的所有字符放进字符串数组中。

后面会介绍这些函数综合应用的实例。

13.3.4　检测文件结尾

在读取输入文件的数据时，通常会利用循环不断读取数据，然后不断进行处理。但流对象的数据并不是源源不绝，因此这个循环必须在文件结尾时中断，以避免在数据读取完后再执行读取指令，发生程序执行的错误。

判断流对象是否结束要使用 eof()成员函数，这个成员函数会返回一个值，用来表示目前流对象是否读取完，若还有数据则返回 0，读取完数据则返回一个非 0 的值，使用方式如下：

```
char a;
while(!inputObject.eof())
{
    inputObject.get(a);
    …;
}
```

eof()函数会返回 eofbit 的状态，在文件结束时返回一个非 0 的数值，加上否定的逻辑运算符 "!"，会使 while 的自变量值变成 0，然后中断循环。所以，这个循环会在对象因为数据取完读不出数据时中断循环，然后离开文件内容的处理。

13.3.5　关闭文件

不管是输入文件还是输出文件，在处理完后都要执行关闭文件的操作，尤其是输出文件。因为文件对象的处理都是在内存中完成的，并不是直接读写硬盘中的文件数据。所以，对文件对象所做的处理并不直接发生在硬盘中的文件上，硬盘中文件的数据在关闭文件前还是原来的内容，关闭文件时会将对象数据写进硬盘文件中，硬盘文件中的数据才会依程序的处理而进行更新。

关闭文件使用的是 close()成员函数：

```
inputObject.close();
```

文件关闭之后，整个文件的处理过程才算完成。

文件关闭的目的是要让输出文件对象写进硬盘，并释放内存中的文件对象。因为文件对象包含文件内容，通常占用很多内存，因此在对象不用时应将其释放，以免发生内存被占用的情形。

13.3.6　文件的读写与数据格式

　　文件被打开成文件对象时，默认所有的文件内容为文本类型，如果文件不是普通文本文件，那么在文件读写时就会发生问题。

　　这是因为非文本文件中会有各种类型的字符，包括一些控制符，如换行符或文件结束符，这些字符在读出或写进文件时发生控制的效果，使文件处理出现问题。例如，有一个文件名为 binary.txt 的非文本文件，其文件内容如下：

　　abc.def

　　字符 c 及字符 d 中间的点代表一个 ASCII 值为 10 的字符，将这个文件创建成文本类型的输入文件对象，然后创建一个文本类型的输出文件对象，将 binary.txt 文件中的每个字符用 get() 函数读取出来，写进另一个文件后，这个被写入的文件的内容会变成：

　　abc
　　def

　　这是因为 ASCII 值为 10 的字符是"打开新一行"的意思，在文本文件中读到这个字符时，C++会自动将这个字符转成换行字符"\n"，这是由两个字符所组成的 CR/LF，分别是 ASCII 值 13（CR）及 10（LF），所以在写进另一个文件时，原本的一个字符就变成两个字符了。

　　同样的情况也会发生在写入文本文件对象时，ASCII 值为 13 的字符要写入文本文件，也会被转成两个字符 CR/LF 再写入。

【例13-2】

　　文本文件的读写。

　　本例中将 binary.txt 文件（提前准备好，内容为 abc.def，放在程序工程文件夹中）中的字符内容一对一写进另一个输出文件，当输出文件打开成文本文件时，复制出来的文件和原来 binary.txt 文件不一样。程序代码如下：

```
01  #include <fstream>
02  #include <iostream>
03  using namespace std;
04
05  void InputTextMode()
06  {
07      ifstream inputObject("binary.txt");
08      ofstream outputObjectT("out1.txt");
09      ofstream outputObjectB("out1.bin",ios::binary);
10      char a;
11
12      cout<<"以文本模式打开 binary.txt 文件"<<endl;
13      cout<<"以文本模式打开 out1.txt 文件"<<endl;
14      cout<<"以二进制模式打开 out1.bin 文件"<<endl;
15      if(!inputObject)
16      {
17          cout<<"打开 binary.txt 文件错误!"<<endl;
18          exit(1);
19      }
20      inputObject.get(a);
21      while(!inputObject.eof())
22      {
```

```
23              outputObjectT.put(a);
24              outputObjectB.put(a);
25              inputObject.get(a);
26          }
27
28      inputObject.close();
29      outputObjectT.close();
30      outputObjectB.close();
31  }
32
33  void InputBinaryMode()
34  {
35
36      ifstream inputObject("binary.txt",ios::binary);
37      ofstream outputObjectT("out2.txt");
38      ofstream outputObjectB("out2.bin",ios::binary);
39      char a;
40
41      cout<<"以二进制模式打开 binary.txt 文件"<<endl;
42      cout<<"以文本模式打开 out2.txt 文件"<<endl;
43      cout<<"以二进制模式打开 out2.bin 文件"<<endl;
44      if(!inputObject)
45      {
46
47          cout<<"打开 binary.txt 文件错误!"<<endl;
48          exit(0);
49
50      }
51
52      inputObject.get(a);
53      while(!inputObject.eof())
54      {
55          outputObjectT.put(a);
56          outputObjectB.put(a);
57          inputObject.get(a);
58      }
59      inputObject.close();
60      outputObjectT.close();
61      outputObjectB.close();
62  }
63
64  int main(void)
65  {
66      InputTextMode();
67      InputBinaryMode();
68      return(0);
69  }
```

图 13-3 所示是本例的运行结果。

图 13-4 所示是程序执行后，本例的工程文件夹中的所有文件。其中，binary.txt 是提前准备好的，out1.txt、out1.bin、out2.txt、out2.bin 是运行程序后生成的。

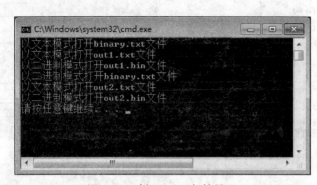

图 13-3 例 13-2 运行结果

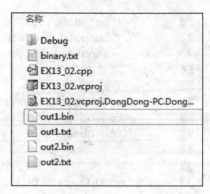

图 13-4 例 13-2 运行后的工程文件夹

本例的主要代码分析如下：

第 7 行：打开 binary.txt 文件为文本模式的输入对象。

第 8 行：打开 out1.txt 文件为文本模式的输出对象。

第 9 行：打开 out1.bin 文件为二进制模式的输出对象。

第 20～26 行：将输入对象的每个字符读出，写入到另两个输出对象。

第 28～30 行：关闭文件。

第 36 行：打开 binary.txt 文件为二进制模式的输入对象。

第 37 行：打开 out2.txt 文件为文本模式的输出对象。

第 38 行：打开 out2.bin 文件为二进制模式的输出对象。

第 52～58 行：将输入对象的每个字符读出，写入到另两个输出对象。

第 59～61 行：关闭文件。

第 66、67 行：调用处理文件的两个函数。

程序执行后检查文件大小，可以发现，只有打开成二进制输出文件的 out1.bin 及 out2.bin 会与原来的文件 binary.txt 一模一样，其他两个文本文件会将特殊字符 ASCII(10)转换成换行字符 "\n"，因此大小是不一样的。

除了换行字符会发生这种情况外，文件结束字符 ASCII(26)也会发生类似的情况。因此，若要处理的文件并不是单纯的文本文件时，就得考虑将文件以二进制的模式来处理，并用 read()函数来读取数据，才不会发生问题。

13.4 对象 I/O

前面介绍输入/输出对象都是利用 "<<" 及 ">>" 运算符读写基本数据类型，若要让自定义的对象也能像其他基本数据类型一样利用 "<<" 及 ">>" 来输入或输出，就要设计处理自定义对象的 "<<" 及 ">>" 来重载原本的运算符。

重载写入对象的运算符 "<<" 与定义一个函数类似，格式如下：

```
ostream&  operator<< (ostream& 参数 1,自定义类& 参数 2)
{
    …
    return 参数 1
}
```

使用 "<<" 时，左侧及右侧各有一个对象，左侧是输出对象，右侧是自定类对象，程序代码中除了设计输出的方式，还会返回输出对象。例如有一个 dog 类，那么这个运算符就可以这样设计：

```
ostream&  operator<<(ostream& s,dog& m)
{
    s<<"Won!"
    return s;
}
```

使用时就可以将 dog 对象输出到输出对象,这里将会输出的内容是字符串 "Won!",语句如下:

```
dog Harry;
cout<<Harry;
```

同样的也可以重载 ">>" 运算符,格式如下:

```
istream& operator<<(istream& 参数1,自定义类& 参数2)
{
    …
    return 参数1
}
```

定义好这两个运算符后,自定义的类对象就可以利用它们来输出/输入了,如显示至屏幕或写至文件中。

【例13-3】

重载运算符实现对象的输入/输出。

本例说明了如何重载 "<<" 和 ">>" 运算符,以及利用它们来输入/输出。本例中自定义了一个 dog 类,并希望这个类能像其他基本数据类型利用 "<<" 及 ">>" 运算符一样进行输出和输入操作,因此,重载了这两个运算符并执行它。程序执行时不仅输出到屏幕上,也会同时输出到文件 dog.txt 中。程序代码如下:

```
01  #include <fstream>
02  #include <iostream>
03  using namespace std;
04
05  class dog{
06  public:
07      dog();
08      int ct;
09  };
10
11  dog::dog()
12  {
13      ct=0;
14  }
15
16  ostream& operator<<(ostream& s,dog& m)
17  {
18      int t=m.ct;
19      for(inti=0;i<t;i++)
20          s<<"汪~";
21      s<<endl;
22      return(s);
23  }
24
25  istream& operator>>(istream& s,dog& m)
26  {
```

```
27        s>>m.ct;
28        return(s);
29  }
30
31  void main()
32  {
33        dog Harry;
34        ofstream outputObject("dog.txt");
35
36        cout<<"这只狗叫了多少声?"<<endl;
37        cin>>Harry;
38        cout<<"输出对象:"<<endl;
39        cout<<Harry;
40        outputObject<<Harry;
41  }
```

本例的运行结果如图 13-5 所示。

程序运行后，本例的工程文件夹中将会产生一个 dog.txt 文件，文件中写有相应数量的狗叫声信息，如图 13-6 所示。

图 13-5　例 13-3 运行结果　　　　　　图 13-6　例 13-3 运行后的工程文件夹

本例的主要代码分析如下：

第 16～23 行：重载 "<<" 运算符，使 "<<" 可以处理 dog 类。

第 25～29 行：重载 ">>" 运算符，使 ">>" 可以处理 dog 类。

第 37 行：通过 dog 对象从输入设备中提取数据。

第 40 行：将 dog 对象插入输出装置。

定义一个运算符的操作和定义一个函数是一样的，这个函数有两个自变量，第一个自变量传入的是运算符的左侧对象，第二个自变量是传入运算符的右侧对象，因为这个例子中 "<<" 右侧是 dog 对象，所以第二个自变量就声明为 dog& m，以传进一个 dog 对象的地址。

除了这两个运算符可以重载外，其他的运算符（如大于、小于、assign 等）也可以重载，只是其他运算符主要不是用来输入/输出的，此处不再赘述。

小　　结

本章介绍了流操作的基本知识，说明了如何在 C++程序中把其应用于文件的使用，主要内容如下：

- 标准库支持字符流的输入/输出操作。
- 输入/输出的标准流是 cin 和 cout，还有错误流 cerr 和 clog。
- 提取和插入运算符提供了格式化的流输入/输出操作。
- 文件流可以和磁盘上的文件关联起来，进行输入和输出操作。
- 文件打开模式决定了是从流中读取数据，还是给流写入数据。
- 如果创建了一个文件输出流，并把它与一个文件本身不存在的文件名关联起来，就会创建该文件。
- 文件有开头、结尾和当前位置。

上 机 实 验

1. 编写一个程序，把时间值记录到文件中。编写一个匹配程序，读取文件中的时间值，并显示到屏幕上。

2. 编写一个程序，从标准输入中读取文本行，再把它们写到标准输出上，删除所有的前导空白，把多个空格转换为一个空格。先用键盘输入测试该程序，再从文件中读取的字符测试该程序。

3. 编写一个程序，把小写字母转换为大写形式，再测试该程序。

参 考 文 献

[1] 埃克尔，等. C++编程思想[M]. 刘宗田，等译. 北京：机械工业出版社，2011.
[2] Lippman S B, 等. C++ Primer 中文版[M].4 版. 李师贤，等译. 北京：人民邮电出版社,2006.
[3] KOENIG A,MOO B. C++沉思录[M]. 黄晓春，译. 北京：人民邮电出版社，2008.
[4] SAVITCH W. C++面向对象程序设计[M]. 6 版. 佟俐鹃，等改编. 北京：清华大学出版社，2008.
[5] 吕凤翥. C++ 语言程序设计教程[M]. 北京：人民邮电出版社，2008.
[6] 钱能. C++程序设计教程[M].2 版. 北京：清华大学出版社，2009.